ZEITSCHRIFT FÜR ANGEWANDTE GEOLOGIE

HERAUSGEGEBEN VOM
ZENTRALEN GEOLOGISCHEN INSTITUT
IM AUFTRAG DES
STAATSSEKRETARIATS FÜR GEOLOGIE

AUS DEM INHALT

AKADEMIE-VERLAG · BERLIN

BAND 16 / HEFT 4
APRIL 1970
SEITE 161–216

Die ZEITSCHRIFT FÜR ANGEWANDTE GEOLOGIE berichtet ständig über folgende Arbeitsgebiete: Geologische Grundlagenforschung und Lagerstättenforschung / Methodik der geologischen Erkundung / Ökonomie und Planung der geologischen Erkundung / Technik der geologischen Erkundung / Geologie und Lagerstättenkunde im Ausland. In der Zeitschrift können alle strittigen Fragen der praktischen Geologie behandelt werden. Die Autoren übernehmen für ihre Aufsätze die übliche Verantwortung.

WLADIMIR ILJITSCH LENIN

Zum 100. Geburtstag am 22. April 1970

Aus: El Lissitzky — „Erinnerungen, Briefe, Schriften, übergeben von Sophie Lissitzky-Küppers"
VEB Verlag der Kunst, Dresden 1967

ZEITSCHRIFT FÜR ANGEWANDTE GEOLOGIE

Träger der Ehrennadel in Gold der Gesellschaft für Deutsch-Sowjetische Freundschaft

KOLLEKTIVE CHEFREDAKTION

Dr. K. KAUTER (Redaktionssekretär)
Prof. Dr. F. STAMMBERGER
Dr. habil. G. TISCHENDORF

BAND 16 · APRIL 1970 · HEFT 4

W. I. Lenin über die mineralischen Rohstoffe

G. A. MIRLIN, Moskau

WLADIMIR ILJITSCH LENIN, der große Theoretiker und Praktiker der sozialistischen Revolution, ist der ganzen progressiven Menschheit als großer und vielseitiger Wissenschaftler bekannt, dessen Untersuchungen die kompliziertesten Entwicklungsprobleme der menschlichen Gesellschaft, Politik, Ökonomie, Philosophie und Naturwissenschaften berührten.

Weit bekannt sind die philosophischen Werke W. I. LENINs, besonders seine hervorragende Arbeit „Materialismus und Empiriokritizismus", geschrieben an der Wende des 19. zum 20. Jahrhundert. Dieses Werk war nicht nur eine philosophische Verallgemeinerung der zu dieser Zeit erreichten Ergebnisse der wissenschaftlichen Untersuchungen auf dem Gebiet der Naturwissenschaften und die erste materialistische Analyse der großen Entdeckungen der Physik zu Beginn des 20. Jahrhunderts, sondern auch eine theoretische Begründung der weiteren Entwicklungstendenzen dieser Wissenschaften.

Ungewöhnlich vielseitig und tief sind die Gedanken und Äußerungen WLADIMIR ILJITSCH LENINs, die sich auf die tägliche Praxis des Aufbaus des ersten sozialistischen Staates der Welt, auf den schweren Alltag der Wiederherstellung und Entwicklung der Wirtschaft der jungen Sowjetrepublik beziehen. Bis heute haben die tiefen Ideen W. I. LENINs, die dem unter seiner Leitung ausgearbeiteten Plan der Elektrifizierung des sozialistischen Rußlands — GOELRO — zugrunde gelegt wurden, ihre historische Bedeutung nicht verloren.

Im Zusammenhang mit dem Gedenken des 100. Geburtstags WLADIMIR ILJITSCH LENINs möchten wir auch an einige interessante und überraschend exakte Aussprüche von ihm erinnern, die sich auf die Einschätzung der Bedeutung der Naturreichtümer, darunter der mineralischen Rohstoffe, die aus dem Schoße der Erde gewonnen werden, in der Entwicklung der menschlichen Gesellschaft beziehen.

Natürlich war W. I. LENIN nicht unmittelbar mit den Untersuchungen auf dem Gebiet der Geologie und der mineralischen Rohstoffe verbunden. Nichtsdestoweniger ist sowohl in seinen theoretischen Werken als auch besonders in seinen Arbeiten und Äußerungen, die sich auf die Periode des Aufbaus der Wirtschaft des Landes in den ersten Jahren nach der Großen Sozialistischen Oktoberrevolution beziehen, eine große Zahl interessanter Gedanken und Formulierungen enthalten, die für uns Geologen der zweiten Hälfte des 20. Jahrhunderts einen außerordentlich großen Wert besitzen.

Die in den Werken und Aussprüchen W. I. LENINs enthaltenen Einschätzungen der Bedeutung der Mineralreichtümer können drei Aspekten zugeordnet werden:

die Einschätzung der Bedeutung der mineralischen Rohstoffe und der Produkte ihrer Verarbeitung in der Entwicklung des Kapitalismus im vorrevolutionären Rußland, in seinem industriellen Werden;

die Einschätzung der Bedeutung der Mineralrohstoffquellen im Kampfe der imperialistischen Staaten um die Neuaufteilung der Welt, in der Kolonialisierung und der Eroberung mineralrohstoffreicher Länder;

die Einschätzung der Bedeutung der Mineralreichtümer für die Entwicklung der Ökonomik der Sowjetrepublik.

Besonders aktuell sind heute die Gedanken und Äußerungen WLADIMIR ILJITSCHs, die sich auf die Periode der ersten Jahre des jungen sozialistischen Staates beziehen, auf jene Periode, als W. I. LENIN, an der Spitze dieses Staates stehend, unmittelbar und mit der gesamten Kraft seiner Autorität bei der Wiederherstellung und Entwicklung der Montanindustrie im Sowjetland Hilfe leistete.

I.

Beim Studium der Werke MARX' und bei der Untersuchung der Möglichkeit der Entwicklung des Kapitalismus in Rußland wandte sich WLADIMIR ILJITSCH bereits als junger Mensch von kaum 23 Jahren der Betrachtung der Prozesse der Ablösung der Naturalwirtschaft durch die Warenwirtschaft und der Warenwirtschaft durch die kapitalistische Wirtschaft zu. In einer seiner frühesten Arbeiten, geschrieben 1893 unter dem Titel „Zur sogenannten Frage der Märkte", analysiert W. I. LENIN die Elemente des Prozesses der Entwicklung des Kapitalismus. Hierbei betrachtet er das Problem der Produktion von Produktionsmitteln und die mit diesem Problem zusammenhängenden Fragen der Produktionsinstrumente und der Rohstoffe.

Auf die Bedeutung des außerordentlich schnellen Wachstums der Produktionsmittel im Zusammenhang mit der Ersetzung der Handarbeit durch Maschinenarbeit hinweisend, schrieb W. I. LENIN in die-

Eingang des Manuskripts in der Redaktion: 16. 1. 1970.
Übersetzung: W. OESTREICH, Zentrales Geologisches Institut, Berlin.

sem Aufsatz, daß „... der technische Fortschritt bei maschineller Industrie eine verstärkte Entwicklung der Industriezweige erfordert, die Kohle und Eisen, diese ausgesprochenen Produktionsmittel für Produktionsmittel, gewinnen".[1])

So definierte vor mehr als einem Dreivierteljahrhundert WLADIMIR ILJITSCH LENIN die erstrangige Bedeutung der aus dem Schoße der Erde gewinnbaren mineralischen Rohstoffe — Kohle, Eisen u. a. — als „Produktionsmittel für Produktionsmittel". Welche glänzende und exakte Definition!

In unseren Tagen ist für alle offensichtlich, daß eine der wichtigsten Bedingungen für die Entwicklung der modernen Industrie und die gesamte Wirtschaft des Landes die umfassende Erschließung und die intensive industrielle Nutzung seiner Mineralreichtümer sind. Die Entwicklung der chemischen, der Öl-Gas- und der Kohlenindustrie, der Eisen- und Buntmetallurgie, des Maschinenbaus und anderer wichtiger Zweige der Volkswirtschaft ist ohne die Nutzung großer Mengen von mineralischen Rohstoffen undenkbar. Die mineralischen Rohstoffe — Kohle, Eisenerz, Buntmetallerze, Erdöl, Erdgas, Asbest, Glimmer —, das sind nicht nur geologische Begriffe, sondern auch Rohstoffressourcen der Industrie — echte Produktionsmittel für Produktionsmittel, die ein ökonomisches Herangehen und eine technisch-ökonomische Bewertung erfordern.

In seiner großen Arbeit „Die Entwicklung des Kapitalismus in Rußland" (1896—1899) schenkt W. I. LENIN der Untersuchung der Bedeutung der Kohle, des Erdöls und des Eisenerzes für die technische Revolution, die in Rußland begonnen hatte, und für die Entwicklung der kapitalistischen Großindustrie viel Beachtung. In einem speziellen Kapitel „Die Entwicklung des Bergbaus und der Hüttenindustrie" analysiert LENIN eingehend die Daten über die Roheisenherstellung und die Kohle- und Erdölgewinnung nach Jahren und nach den wichtigsten Bergbaugebieten Rußlands (der Ural, der Süden, das Donez-Becken und der Kaukasus).

In der gleichen, bereits gegen Ende des 19. Jahrhunderts geschriebenen Arbeit weist LENIN auf die Unvermeidlichkeit hin, daß im Prozeß der Entwicklung der Großindustrie das in Rußland vorherrschende Brennholz durch Steinkohle ersetzt wird. „... Immer stärker macht sich das Bedürfnis geltend, Brennholz durch Steinkohle zu ersetzen, immer rascher entwickelt sich der Steinkohlenbergbau, der allein imstande ist, der maschinellen Großindustrie als feste Basis zu dienen."[2])

Bei der Untersuchung der Entwicklungsgesetzmäßigkeiten des Kapitalismus in Rußland kehrt W. I. LENIN mehrfach zum Problem der führenden Bedeutung von Eisen, Kohle, Erdöl und anderen Rohstoffen für das Wachstum der industriellen Produktion zurück und betont in diesem Zusammenhang die äußerste Rückständigkeit Rußlands gegenüber den USA und den industriell entwickelten Ländern Europas. In einer kleinen, 1913 veröffentlichten Notiz, die sich mit dem niedrigen Pro-Kopf-Verbrauch in Rußland befaßt, schrieb WLADIMIR ILJITSCH:

„In dem halben Jahrhundert nach der Bauernbefreiung wuchs der Eisenverbrauch in Rußland um das Fünffache, und trotzdem bleibt Rußland ein unwahrscheinlich, unerhört zurückgebliebenes Land, arm und halbwild, mit modernen Produktionsinstrumenten viermal schlechter als England, fünfmal schlechter als Deutschland, zehnmal schlechter als Amerika ausgerüstet."[3])

Im gleichen Jahr betont W. I. LENIN in der Notiz „Das Eisen in der bäuerlichen Wirtschaft" erneut: „In bezug auf Eisen, eines der Hauptprodukte der modernen Industrie, eines, man kann sagen, der Fundamente der Zivilisation, sind Rückständigkeit und Wildheit Rußlands besonders groß."[4])

In der Tat wurden am Vorabend des ersten Weltkriegs, in einer Periode des höchsten industriellen Aufschwungs, in Rußland wenig mehr als 4 Millionen Tonnen Roheisen, 4,2 Millionen Tonnen Stahl und etwa 3,5 Millionen Tonnen Walzgut erzeugt. Obgleich es nach der Gesamtmenge an Roheisen und Stahl den fünften Platz in der Welt einnahm (etwas über 5% der Weltproduktion), betrug der Pro-Kopf-Verbrauch an Metall in Rußland den 5,7ten Teil von dem Englands und Frankreichs, fast den 8ten Teil von dem Deutschlands und den 11ten Teil von dem der Vereinigten Staaten von Amerika. Die Weltvorräte an Eisenerzen wurden in jenen Jahren (nach einer Berechnung des XI. Geologenkongresses, 1910) auf 22,4 Milliarden Tonnen geschätzt, wovon auf Rußland lediglich 0,8 Milliarden Tonnen bzw. nur 3,7 Prozent entfielen.

Das zaristische, vorrevolutionäre Rußland blieb aber nicht nur in der Produktion von Metall zurück. In einem äußerst unbefriedigenden Zustand befand sich auch die Brennstoffindustrie. In der Brennstoffbilanz Rußlands nahmen Brennholz und Stroh den führenden Platz — 68% — ein. Der Anteil der Kohle an der Versorgung des Landes mit Brennstoff betrug 22%, der Anteil des Erdöls nur 6,5%. Wegen des Mangels an Brennstoffressourcen deckte das zaristische Rußland etwa 20% des Brennstoffbedarfs durch Kohleimport aus dem Ausland. Sogar die Hauptstadt Rußlands und sein Industriezentrum — Petersburg — wurde im wesentlichen mit Kohle aus England versorgt. 1913, im Jahre der höchsten Blüte der vorrevolutionären Industrie, erreichte die Kohleförderung für Rußland im ganzen nur 29,1 Millionen Tonnen, die Erdölförderung 9,2 Millionen Tonnen, die Torfgewinnung 1,7 Millionen Tonnen. Hinsichtlich der Kohleförderung befand sich Rußland an sechster Stelle in der Welt (2,5% der Weltförderung). Die Kohleförderung in dem riesigen russischen Imperium lag fast auf dem Niveau der Kohleförderung in Belgien und betrug nur ein Fünfzehntel der Kohleförderung Amerikas. Und dabei befanden sich etwa 60% der Kohleförderung des Landes unter der Kontrolle ausländischen Kapitals. Eine analoge Situation bestand auch in der Erdölindustrie.

In dem 1913 veröffentlichten Aufsatz „Über den Erdölhunger" wies W. I. LENIN im Zusammenhang mit dem Hochschnellen der Preise darauf hin, daß in den letzten Jahren die Erdölpreise um mehr als das Sechsfache gestiegen seien, „während die Erdölförderung in dieser Zeit von 600—700 Millionen Pud in den Jahren 1900—1902 auf 500—585 Millionen Pud in den Jahren

[1]) LENIN, „Werke", Bd. 1, S. 96. Dietz Verlag, Berlin 1961.
[2]) W. I. LENIN, „Werke", Band 3, S. 544. Dietz Verlag, Berlin 1956.
[3]) W. I. LENIN, „Vollständige gesammelte Werke", Bd. 23, S. 360 (russ.).
[4]) Ebenda, Bd. 23., S. 377.

1908–1912 zurückging".[5]) Mit Empörung und Schmerz um Rußland schreibt WLADIMIR ILJITSCH, daß „die Erdölgewinnung in Amerika im Jahre 1900 geringer war als in Rußland, während sie 1910 dreimal höher als in Rußland war!!", daß im letzten Jahrzehnt die Erdölförderung in Amerika „gigantisch anwuchs, bei einer schmählichen Stagnation Rußlands und sogar einem Schritt zurück", und daß „in Rußland die Bevölkerung 170 Millionen beträgt, in Amerika nur 90 Millionen, d. h. etwas weniger als die Hälfte. Erdöl aber fördert man in Amerika dreimal mehr als bei uns, und Steinkohle achtzehn mal mehr."[6])

Und im selben Jahr 1913, über die Zukunft Rußlands nachdenkend, schreibt WLADIMIR ILJITSCH begeistert über die von W. RAMSAY entdeckte Methode der Gasgewinnung aus Steinkohle und die Möglichkeiten der praktischen Nutzung dieser Methode (in jenen Jahren war das Vorhandensein großer Erdgasvorräte auf dem Territorium Rußlands noch nicht bekannt).

Die kleine Notiz W. I. LENINs „Einer der großen Siege der Technik", veröffentlicht am 21. April 1913, ist ein hervorragendes Beispiel für das aufmerksame und aktive Verhalten LENINs allem Neuen und jeder praktischen Möglichkeit zur Umgestaltung des rückständigen Rußlands gegenüber. Hier einige Auszüge aus dieser kleinen Notiz:

„Der weltbekannte englische Chemiker W. RAMSAY entdeckte ein Verfahren zur unmittelbaren Gasgewinnung aus Steinkohlenflözen ... Um die in der Steinkohle eingeschlossene Energie gegenwärtig zu nutzen, verteilt man sie im Lande und verbrennt sie in einer Menge einzelner Unternehmen und Häuser ... RAMSAY entdeckte ein Verfahren, um diese Kohle unmittelbar, an der Stelle, wo sie auftritt, ohne sie an die Tagesoberfläche zu bringen, in Gas umzuwandeln ... Das Verfahren RAMSAYs verwandelt die Steinkohlengruben gleichsam in riesige Destillationsapparate für die Gasgewinnung. Das Gas setzt Gasmotoren in Bewegung, welche es ermöglichen, einen doppelt so hohen Anteil der in der Steinkohle eingeschlossenen Energie zu nutzen, als das bei Dampfmaschinen der Fall war. Die Gasmotoren dienen ihrerseits wiederum für die Umwandlung der Energie in Elektrizität, welche die Technik bereits heute über riesige Entfernungen zu leiten versteht ... Eine gewaltige Menge menschlicher Arbeit, die heute für Förderung und Transport der Steinkohle verwendet wird, würde eingespart werden. Man könnte sogar die ärmsten der heute nicht bauwürdigen Steinkohlenlager nutzen ... Die ‚Elektrifizierung' aller Fabriken und Eisenbahnen wird die Arbeitsbedingungen hygienischer machen, wird Millionen der Arbeiter von Rauch, Staub und Schmutz befreien, wird die Umwandlung der schmutzigen widerlichen Werkstätten in saubere, helle, menschenwürdige Laboratorien beschleunigen. Die elektrische Beleuchtung und die elektrische Beheizung jedes Hauses wird Millionen von ‚Haussklavinnen' davon befreien, drei Viertel ihres Lebens in einer übelriechenden Küche zubringen zu müssen."[7])

Obgleich die unterirdische Vergasung der Kohlen in der UdSSR infolge der Entdeckung außerordentlich großer Ressourcen des erheblich billigeren Erdgases keine breite Entwicklung erfuhr, bleibt doch die Idee W. I. LENINs selbst von der gewaltigen Bedeutung des Gases als Quelle der elektrischen Energie, die das Leben des Menschen, seine Arbeits- und Existenzbedingungen grundlegend verändert, in vollem Maße auch heute noch aktuell.

Unmittelbar vor der Großen Sozialistischen Oktoberrevolution weist W. I. LENIN erneut auf die außerordentlich große Bedeutung der Erdöl- und Kohlenindustrie hin und stellt die Frage nach der vorrangigen Notwendigkeit ihrer Nationalisierung. In dem im September 1917 geschriebenen Aufsatz „Die drohende Katastrophe, und wie man sie bekämpfen soll" betont er: „Die Nationalisierung der Erdölindustrie ist sofort möglich und für einen revolutionär-demokratischen Staat Pflicht, zumal wenn dieser die schwerste Krise durchmacht, wenn es gilt, um jeden Preis Volksarbeit zu sparen und die Brennstoffproduktion zu steigern."[8]) Das gleiche gilt auch für die Kohlenindustrie.

In demselben Aufsatz aus dem Jahre 1917 lenkte LENIN die Aufmerksamkeit auf die Notwendigkeit der Entwicklung der Erdölproduktion und wies darauf hin, daß Rußland „an Vorräten flüssiger Brennstoffe zu den reichsten Ländern der Welt gehört".[9]) Wie herrlich haben sich die Worte WLADIMIR ILJITSCHs in unseren Tagen bestätigt!

II.

Die Entwicklungsgeschichte der menschlichen Gesellschaft zeigt, daß die mineralischen Rohstoffe die wichtigste Quelle des Reichstums und der Macht der Nationen sind. Die hohe Zivilisation einer Reihe antiker Staaten war in erheblichem Maße durch die zu jener Zeit erfolgreiche Nutzung der Mineralreichtümer bedingt. Bergbau und Förderung vieler mineralischer Rohstoffe erreichten im Mittelalter ein hohes Niveau, besonders in Sachsen, der Tschechoslowakei, in Italien, Griechenland und Schweden. Die Ende des 18. und zu Beginn des 19. Jahrhunderts einsetzende stürmische industrielle Entwicklung Englands stand in vielem mit der Nutzung der auf dem Territorium des Landes entdeckten großen Kohlenreichtümer in Zusammenhang. Die Rohstoffbasis für die Entwicklung der Industrie Deutschlands zu Beginn des 19. und in den ersten Jahrzehnten des 20. Jahrhunderts waren im wesentlichen das Ruhr-Kohlenbecken und die Eisenerzlagerstätten von Elsaß-Lothringen. Der Kapitalismus der USA erreichte seine industrielle Macht durch intensive Nutzung mineralischer Rohstoffe, die sowohl innerhalb des Landes gewonnen als auch in großen Mengen aus anderen Ländern importiert wurden. Die mineralischen Rohstoffe und die Produkte ihrer Verarbeitung wurden zu einem Gegenstand des internationalen Handels und zu einem wesentlichen Faktor der internationalen Beziehungen. Unter den Verhältnissen der kapitalistischen Gesellschaft bilden Mineralrohstoffquellen eine der Hauptursachen für die Eroberung fremder Territorien und die Entwicklung des Kolonialismus.

In einem seiner bedeutendsten Werke, in der berühmten, 1916 geschriebenen Arbeit „Der Imperialismus

[5]) Ebenda, Bd. 23, S. 33.
[6]) Ebenda, Bd. 23, S. 34–35.
[7]) Ebenda, Bd. 23, S. 93–94.

[8]) W. I. LENIN, „Ausgewählte Werke", Bd. II, S. 103. Verlag für fremdsprachige Literatur, Moskau 1947.
[9]) Ebenda, Bd. II, S. 104.

als höchstes Stadium des Kapitalismus" definierte W. I. LENIN auf Grund der Analyse einer gewaltigen Menge ökonomischer Daten die wichtigsten Züge, die diesem Stadium des Kapitalismus eigen sind. Bei den fünf Hauptmerkmalen des Imperialismus wies LENIN auf die territoriale Aufteilung der Welt durch die kapitalistischen Großmächte hin, die hauptsächlich mit der Eroberung von Rohstoffquellen zusammenhängt.

In zwei speziellen Kapiteln, die sich mit der Aufteilung und Neuaufteilung der Welt befassen, behandelt W. I. LENIN eingehend die Daten, die sich auf den Kampf zwischen den kapitalistischen Monopolen und den Großmächten, auf die ungeheure Intensivierung der kolonialen Eroberungen in den letzten Jahrzehnten des 19. Jahrhunderts und zu Beginn des 20. Jahrhunderts beziehen. „... Es beginnt ein ungeheurer ‚Aufschwung' der kolonialen Eroberungen", schreibt W. I. LENIN, „es verschärft sich in höchstem Grad der Kampf um die territoriale Aufteilung der Welt ... Der Übergang des Kapitalismus zum Stadium des Monopolkapitalismus, zum Finanzkapital, ist mit einer Verschärfung des Kampfes um die Aufteilung der Welt verknüpft."[10])

„Die grundlegende Besonderheit des modernen Kapitalismus", fährt WLADIMIR ILJITSCH fort, „ist die Herrschaft der Monopolverbände der Großunternehmer. Derartige Monopole sind am festesten, wenn alle Rohstoffquellen in einer Hand zusammengefaßt werden ... Die internationalen Kapitalistenverbände sind bemüht, dem Gegner jede Konkurrenz unmöglich zu machen, z. B. Eisenerzlager oder Erdölquellen usw. aufzukaufen ... Je höher entwickelt der Kapitalismus, desto stärker fühlbar der Rohstoffmangel, je schärfer ausgeprägt die Konkurrenz und die Jagd nach Rohstoffquellen in der ganzen Welt sind, desto erbitterter ist der Kampf um die Erwerbung von Kolonien."[11])

Bei der Untersuchung des Problems der Entwicklung des Kapitalismus und der mit dieser Entwicklung zusammenhängenden immer breiteren Nutzung der mineralischen und anderen Naturreichtümer schreibt LENIN in seiner Arbeit:

„Nicht allein die bereits entdeckten Rohstoffquellen sind für das Finanzkapital von Bedeutung, sondern auch die eventuell noch zu erschließenden, denn die Technik entwickelt sich in unseren Tagen mit unglaublicher Geschwindigkeit, und Ländereien, die heute unbrauchbar sind, können morgen brauchbar gemacht werden, sobald neue Verfahren gefunden sind ... Dasselbe läßt sich über Erkundungen von Minerallagerstätten, über neue Methoden der Bearbeitung und Nutzbarmachung dieser oder jener Rohstoffe usw. usf. sagen. Daher das unvermeidliche Streben des Finanzkapitals nach Erweiterung des Wirtschaftsgebiets, ja des Gebietes schlechthin ... Das Finanzkapital ist im allgemeinen bestrebt, möglichst viel Ländereien an sich zu reißen, gleichviel welche, gleichviel wo, gleichviel wie, immer auf mögliche Rohstoffquellen bedacht und von Angst erfüllt, in dem tollen Kampf um die letzten Stücke der unverteilten Welt oder bei der Neuverteilung der bereits verteilten Stücke zu kurz zu kommen."[12])

[10]) W. I. LENIN, „Ausgewählte Werke", Bd. I, S. 829. Dietz Verlag, Berlin 1964.
[11]) Ebenda, Bd. I, S. 833.
[12]) Ebenda, Bd. I, S. 834.

Als lehrreiches Beispiel dafür, wie die Welt neuverteilt wird, weist W. I. LENIN auf die Erdölindustrie hin, die an der Grenze des 19. und 20. Jahrhunderts zwischen zwei großen Finanzgruppen aufgeteilt war, und zwar zwischen dem amerikanischen „Petroleumtrust" ROCKEFELLERS und den Beherrschern des russischen Baku-Öls, ROTHSCHILD und NOBEL. Die Monopolstellung dieser Gruppen wurde jedoch bedroht durch das Versiegen der Erdölquellen in Amerika, durch die Konkurrenz der Firma MANTASCHOW in Baku, die Erdölvorkommen in Österreich und Rumänien, durch weitere überseeische Ölquellen, vornehmlich in den damals holländischen Kolonien. „Es begann ein Kampf", schreibt W. I. LENIN, „der denn auch in der ökonomischen Literatur Kampf um ‚die Teilung der Welt' genannt wird."[13])

Die Aufmerksamkeit auf die Ungleichmäßigkeit und die Widersprüche in der Entwicklung der Weltwirtschaft lenkend und unter Verwendung der Angaben des deutschen Ökonomen R. CALWER aus dessen Arbeit „Einführung in die Weltwirtschaft" (Berlin 1906) bringt W. I. LENIN folgende Gruppierung der „wirtschaftlichen Hauptgebiete der Welt", ausgehend vom Niveau ihrer industriellen Entwicklung:[14])

Wirtschaftliche Hauptgebiete der Welt	Kohlengewinnung Mill. Tonnen	Roheisengewinnung Mill. Tonnen
1. Mitteleuropäisches	251	15
2. Britisches	249	9
3. Russisches	16	3
4. Ostasiatisches	8	0,02
5. Amerikanisches	245	14

Diese Angaben analysierend, unterscheidet W. I. LENIN „drei Gebiete mit hochentwickeltem Kapitalismus ...: das mitteleuropäische, britische und amerikanische".[15]) Und weiter: „Am schnellsten wächst der Kapitalismus in den Kolonien und den überseeischen Ländern. Unter diesen Ländern entstehen neue imperialistische Mächte (Japan). Der Kampf der Weltimperialismen verschärft sich. Es wächst der Tribut, den das Finanzkapital von den besonders einträglichen kolonialen und überseeischen Unternehmungen erhebt."[16])

Seinem ökonomischen Wesen nach wurde der Imperialismus zum Monopolkapitalismus. Die Bildung von Eisenbahnkartellen, Stahlsyndikaten und -monopolen ist mit der Teilung und Eroberung von Ländereien verbunden, die Rohstoffressourcen enthalten. „Die Monopole", schreibt W. I. LENIN, „haben in verstärktem Maße zur Besitzergreifung der wichtigsten Rohstoffquellen geführt, besonders in der ausschlaggebenden und am meisten kartellierten Industrie der kapitalistischen Gesellschaft: der Kohlen- und Eisenindustrie. Die monopolistische Beherrschung der wichtigsten Rohstoffquellen hat die Macht des Großkapitals ungeheuer gesteigert ..."[17])

[13]) Ebenda, Bd. I, S. 823.
[14]) Ebenda, Bd. I, S. 844.
[15]) Ebenda, Bd. I, S. 844.
[16]) Ebenda, Bd. I, S. 846.
[17]) Ebenda, Bd. I, S. 869.

Wenn man heute die Seiten der berühmten LENINschen Arbeit „Der Imperialismus als höchstes Stadium des Kapitalismus" wieder überliest, dann tritt der imperialistische Charakter des sich auch in unseren Tagen fortsetzenden Kampfes der USA, Englands, Westdeutschlands, Frankreichs, Japans und anderer kapitalistischer Länder um die Beherrschung der kolonialen oder schwachentwickelten Länder, um die Rohstoffquellen noch deutlicher und plastischer hervor.

Die Mineralrohstoffquellen waren und bleiben unter den Bedingungen der kapitalistischen Gesellschaft einer der Hauptgründe für die Eroberung fremder Territorien, die Kolonialisierung schwachentwickelter Länder und die Versklavung ihrer Völker. Die kapitalistischen Staaten suchen die Lösung des Problems der Auffüllung ihrer Rohstoffquellen auf dem Wege harter Konkurrenz und der Eroberung der reichsten und billigsten Rohstoffquellen. Ein Beispiel ist der erbitterte Kampf zwischen den USA und England um die Beherrschung der Erdölreichtümer in den Ländern des Mittleren Ostens. Vor dem Zweiten Weltkrieg beherrschte England etwa 80% der Ressourcen des Nahosterdöls, und auf die USA entfielen weniger als 15%. Heute aber gehören den amerikanischen Monopolen bereits über 60% des gesamten Öls des Nahen Ostens, während der Anteil der englischen Gesellschaften nur noch 25% beträgt. Unter Ausnutzung der ökonomischen Rückständigkeit und Schwäche dieser Länder führen die USA, England und andere kapitalistische Staaten aus diesen Ländern zu äußerst niedrigen Preisen gewaltige Ölmengen aus und verwüsten die nationalen Reichtümer dieser Länder.

Bis heute befinden sich in den Händen der kapitalistischen Monopole noch viele außerordentlich reiche Mineralrohstoffquellen der Länder Afrikas, Asiens und Südamerikas. Mit allen Mitteln hemmen die kapitalistischen Staaten die Entwicklung der ökonomischen Selbständigkeit der Länder dieser Kontinente, sie versuchen, dort das Kolonialregime aufrechtzuerhalten, um ohne jegliche Beschränkungen und jeglichen Ausgleich deren Naturreichtümer nutzen zu können.

Bekanntlich verfügen die Vereinigten Staaten von Amerika über bedeutende Naturreichtümer innerhalb ihres eigenen Landes und sind mit eigenen Kohlen-, Erdöl-, Erdgas-, Eisenerz-, Molybdän-, Kalisalz-, Phosphat- und Schwefelressourcen versorgt. Nichtsdestoweniger führen die amerikanischen Industriemonopole aus den abhängigen und kolonialen Ländern riesige Mengen anderer Mineralrohstoffarten aus.

Nahezu der gesamte Bedarf der amerikanischen Industrie an Diamanten und Zinn, von denen in den USA keine Lagerstätten gefunden wurden, wird durch Ausfuhr dieser Rohstoffe aus abhängigen Ländern Afrikas und Asiens gedeckt. Der Bedarf der USA an Chrom, Mangan, Asbest, Bauxiten, Glimmer, Nickel, Kobalt, Antimon, Quecksilber und vielen anderen wichtigen Rohstoffarten wird zu 80—90% durch Ausfuhr aus der Republik Südafrika und aus Rhodesien, aus Brasilien und Argentinien, Kanada und Mexiko, aus Australien und den Philippinen, aus dem Kongo und aus Jamaika gedeckt. Zusätzlich zur Erdölförderung innerhalb des Landes importieren die USA jährlich 60—70 Millionen Tonnen Erdöl aus Venezuela und aus Ländern des Nahen und Mittleren Ostens.

So bestätigt sich die von W. I. LENIN vor über einem halben Jahrhundert ausgesprochene These, daß der Kampf um die Neuaufteilung der Welt und um die Eroberung der wichtigsten und billigsten Rohstoffquellen einer der Hauptzüge des imperialistischen Stadiums der Entwicklung des Kapitalismus ist.

Durch die gesamte Geschichte der letzten Jahrzehnte wird aber auch die große Voraussicht LENINs über den unvermeidlichen Untergang des Imperialismus und den unausbleiblichen Sieg der nationalen Befreiungsbewegung der versklavten Völker bestätigt.

III.

Die Vorstellungen W. I. LENINs über die mineralischen Rohstoffe als die wichtigste Grundlage der industriellen Produktion erklären jene ständige und aufmerksame Beachtung, die WLADIMIR ILJITSCH der Entwicklung der Kohlen-, Torf-, Erdöl- und Eisenerzindustrie und anderen Zweigen der Montanindustrie gleich nach dem Sieg der Oktoberrevolution widmete, als die Jahre des Wiederaufbaus und des Neuaufbaus der Wirtschaft der jungen Sowjetrepublik begannen.

Bereits auf dem Zweiten Allrussischen Kongreß der Sowjets (1917) gab W. I. LENIN in seiner Rede über die Bodenfrage den „Bäuerlichen Wählerauftrag zur Bodenfrage" bekannt, in dem, unter anderen Punkten, auch folgender war: „... Alle Bodenschätze: Erze, Erdöl, Kohle, Salz usw., ebenso die Waldungen und Gewässer von allgemeinstaatlicher Bedeutung, gehen in die ausschließliche Nutzung des Staates über."[18])

In der berühmten Arbeit „Die nächsten Aufgaben der Sowjetmacht", die in den schweren Frühlingstagen des Jahres 1918 bald nach dem Abschluß des drückenden Brester Friedens veröffentlicht wurde, schrieb W. I. LENIN:

„Die Hebung der Arbeitsproduktivität erfordert vor allem die Sicherung der materiellen Grundlage der Großindustrie: die Entwicklung der Produktion von Brennstoff und Eisen, des Maschinenbaus, der chemischen Industrie. Die Russische Sowjetrepublik befindet sich insofern in günstigen Verhältnissen, als sie — sogar nach dem Frieden von Brest-Litowsk — über riesige Vorräte an Erzen (im Ural), an Brennstoffen in Westsibirien (Steinkohle), im Kaukasus und im Südosten (Erdöl), im Zentrum (Torf), über gewaltige Reichtümer an Wäldern, Wasserkräften, Rohstoffen für die chemische Industrie (Karabugas) usw. verfügt. Die Ausbeutung dieser Naturschätze unter Anwendung der modernsten technischen Methoden wird die Grundlage für einen unerhörten Fortschritt der Produktivkräfte schaffen."[19])

Im selben Frühjahr des Jahres 1918, in dem „Entwurf eines Plans der wissenschaftlich-technischen Arbeiten"[20]) beharrt W. I. LENIN darauf, sofort die Akademie der Wissenschaften, die das systematische Studium und die Überprüfung der natürlichen Produktivkräfte Rußlands begonnen hatte, zu beauftragen, eine Kommission von Spezialisten für die möglichst schnelle Aufstellung eines Plans für die Reorganisierung der Industrie und den

[18]) W. I. LENIN, „Ausgewählte Werke", Bd. II, S. 266. Verlag für fremdsprachige Literatur, Moskau 1947.

[19] Ebenda, Bd. II, S. 374.

[20]) W. I. LENIN, Vollständige Ausgabe, Bd. 36, S. 228 (russ.)

ökonomischen Aufschwung Rußlands zu bilden. Hierbei wies W. I. LENIN auf die Notwendigkeit hin, in diesem Plan die rationelle Anordnung der Industriestandorte in der Nähe der Rohstoffquellen vorzusehen.

In den ersten Jahren des Aufbaus der Wirtschaft der Sowjetrepublik beunruhigten WLADIMIR ILJITSCH besonders die Fragen des Brennstoffs, ohne den von einer Wiederherstellung und Entwicklung der Industrie keine Rede sein konnte. Durch den imperialistischen Krieg und den nachfolgenden Bürgerkrieg hatte die Zerrüttung der Industrie ihre äußersten Grenzen erreicht. Hierbei bestand die kritischste Situation in bezug auf die Brennstoffressourcen. Die Kohlenindustrie geriet in völligen Verfall. Die Kohleförderung ging auf 8,7 Millionen t/a gegenüber 29,1 Millionen im Vorkriegsjahr 1913 zurück.

Eben deshalb wurde bereits 1919 der von W. I. LENIN unterzeichnete Beschluß „Über Maßnahmen zur Wiederherstellung der wieder mit Sowjetrußland vereinigten Steinkohlenbecken" angenommen. Und im Jahre 1920, an die Teilnehmer des ersten Allrussischen Konstituierenden Kongresses der Arbeiter des Bergbaus und der Kohlenindustrie gewandt, erklärte W. I. LENIN, daß „ohne Kohlenindustrie keine moderne Industrie, keine Fabriken und Betriebe denkbar seien. Die Kohle — das ist das Brot der Industrie, ohne dieses Brot steht die Industrie still ..."[21])

Das Land machte den schlimmsten Brennstoffhunger durch. W. I. LENIN erklärte den Kampf gegen die Brennstoffkrise zur erstrangigen und wichtigsten Aufgabe. Die Fragen der Versorgung der Industrie, des Transportwesens und der Bevölkerung wurden im Rat für Arbeit und Verteidigung auf derselben Ebene wie die militärischen Fragen behandelt. Auf Vorschlag W. I. LENINs wurde im Jahre 1920 eine Reihe dringlicher Maßnahmen zur Erhöhung der Kohle- und Erdölförderung festgelegt. Es wurde die Mobilisierung von Häuern und Arbeitern anderer Bergbauzweige für die Arbeit in der Kohlenindustrie erklärt, aus der Roten Armee wurden Kohle- und Erdölspezialisten, darunter auch Geologen, demobilisiert. Zur Wiederherstellung der Erdöl- und Kohlenindustrie sowie des Erzbergbaus, ferner zum Aufsuchen und Erkunden neuer Lagerstätten wurden bekannte Wissenschaftler herangezogen.

In seiner Rede auf dem IX. Gesamtrussischen Sowjetkongreß im Dezember 1921 konnte W. I. LENIN den Kongreßdelegierten bereits die ersten Erfolge in der Brennstoffindustrie, die Erhöhung der Kohleförderung, in erster Linie im Donbass, im Vergleich zu 1920 mitteilen. Ferner konnte er von dem Wachstum der Erdölförderung und von einer erheblichen Zunahme der Torfgewinnung berichten. In derselben Rede wies W. I. LENIN auf die immer noch sehr große Rolle des Brennholzes in den Gesamtbrennstoffressourcen des Landes hin und lenkte die Aufmerksamkeit auf die Notwendigkeit „der Verbesserung der inneren Struktur unseres Brennstoffbudgets", auf die Notwendigkeit seiner „Mineralisierung", da „es nur auf der Basis von mineralischem Brennstoff eine stabile Großindustrie geben kann, die geeignet ist, als Fundament für die sozialistische Gesellschaft zu dienen".[22])

Die LENINsche Idee der Mineralisierung des Brennstoffs wurde in der Folge die Generalrichtung bei der Entwicklung der Brennstoffenergieressourcen unseres Landes und bei der Schaffung der brennstoffenergetischen Grundlage der sozialistischen Wirtschaft. Nur 10 Jahre nach dem Sieg der Oktoberrevolution, d. h. bereits im Jahre 1927, übertraf die Förderung an mineralischen Brennstoffen das Niveau von 1913 und erreichte folgende Werte: Kohle 32,3 Millionen Tonnen; Erdöl 10,3 Millionen Tonnen; Torf 4,9 Millionen Tonnen. Im Jahre 1970, in dem wir den 100. Geburtstag WLADIMIR ILJITSCHs begehen, werden folgende Werte erreicht werden: Kohleförderung 605—610 Millionen Tonnen; Erdölgewinnung 345—350 Millionen Tonnen; Erdgasgewinnung 145—200 Milliarden m^3; Brennschiefergewinnung 23—24 Millionen Tonnen; Torfgewinnung 70—75 Millionen Tonnen. Erdöl, Erdgas und Kohle wurden die wichtigsten Elemente der brennstoffenergetischen Bilanz der Volkswirtschaft der UdSSR und zugleich zu den wichtigsten Arten technologischer Rohstoffe für die chemische und metallurgische Industrie und für andere Industriezweige. Die Gesamtgewinnung aller Arten mineralischer Brennstoffe in der Gesamtbilanz der Brennstoffressourcen überschreitet heute 99%. Damit ist das Vermächtnis LENINs über die „Mineralisierung des Brennstoffbudgets" vollständig erfüllt.

Von der aktiven und hervorragenden Rolle W. I. LENINs bei der Entwicklung der Montanindustrie und bei der Mobilisierung der natürlichen Mineralreichtümer der jungen Sowjetrepublik in den ersten Jahren des Aufbaus ihrer Wirtschaft zeugen die zahlreichen Reden WLADIMIR ILJITSCHs zu diesen Fragen auf Versammlungen der Werktätigen und in der Tagespresse. Davon wird in den interessanten Erinnerungen an LENIN eines der ersten und großen sowjetischen Geologen — IWAN MICHAILOWITSCH GUBKIN — erzählt, der das Glück hatte, oft mit WLADIMIR ILJITSCH zu Fragen der Erdöl- und Ölschieferindustrie sowie im Zusammenhang mit den Untersuchungen der Kursker Magnetanomalie zusammenzutreffen.[23])

Bald nach der Rückkehr I. M. GUBKINs aus Amerika nach Rußland (April 1918) wurde ihm aus dem Rat der Volkskommissare ein Bericht des Bürgers SOLOWJOW mit einer Mitteilung über das Uchta-Erdöl übergeben, für das sich (jedoch ergebnislos) in der vorrevolutionären Zeit bereits die zaristische Regierung interessiert hatte. Der gesamte Bericht SOLOWJOWs war mit Randbemerkungen W. I. LENINs bedeckt, ferner gab es einen Hinweis von WLADIMIR ILJITSCH, daß es notwendig sei, die mitgeteilten Angaben von Spezialisten überprüfen zu lassen. An die Uchta wurde eine spezielle Expedition entsandt. Diese sammelte wertvolle Angaben, die davon zeugten, daß es möglich sei, in diesen Gebieten eine Erdöllagerstätte nachzuweisen. Es war vorgesehen, daß die Expedition im folgenden Jahre, 1919, ihre Arbeit fortsetzen sollte, aber infolge der englischen Intervention, die Archangelsk und das ganze nördliche Gebiet von Moskau abschnitt, kam es nicht dazu.

Aber LENIN hatte die Uchta nicht vergessen. Als der Norden befreit war, richtete WLADIMIR ILJITSCH am

[21]) W. I. LENIN, Vollständige Ausgabe, Bd. 40, S. 292 (russ.).
[22]) W. I. LENIN, „Werke", Bd. 33, S. 150. Dietz Verlag, Berlin 1963.
[23]) I. M. GUBKIN, „Erinnerungen an WLADIMIR ILJITSCH LENIN". Sammelband „Dem Gedächtnis W. I. LENINs". Verlag der Akademie der Wissenschaften der UdSSR, Moskau 1934.

Zeitschrift für angewandte Geologie, Bd. 16 (1970), Heft 4

9. März 1920 ein Telegramm nach Archangelsk an den Vertreter des Rates der Volkskommissare:

„Bemühen Sie sich, gedruckte Materialien und Berichte über das erdölführende Gebiet am Flusse Uchta im Museum der Gesellschaft zum Studium des Nordgebiets und in der Verwaltung für Staatseigentümer ausfindig zu machen, oder geben Sie den Auftrag dazu. LENIN."[24])

Es vergingen viele Jahre. Jetzt sind die großen Erdöl- und Gaslagerstätten bereits bekannt, die in der ASSR der Komi entdeckt und erkundet wurden, in der großen Uchta-Erdöl- und -Erdgasprovinz im Norden des europäischen Teils des Landes. Bekannt und bereits berühmt wurde auch die nicht weit von der Uchta entdeckte Lagerstätte Wuktyl mit Hunderten von Milliarden Kubikmetern Erdgas und Dutzenden von Millionen Tonnen Gaskondensat.

Die Fragen der Wiederherstellung und Entwicklung der Erdölindustrie in Sowjetrußland waren ein Gegenstand der ständigen Sorge WLADIMIR ILJITSCHS. Es waren nur wenige Monate seit der Erstürmung des Winterpalasts vergangen, als sich W. I. LENIN bereits mit Fragen der Organisation der nationalisierten Erdölindustrie auf neuen Grundlagen und Fragen der Organisierung des Transports der Erdölprodukte aus Baku und Grosny ins Innere des Landes beschäftigte, was unter den Bedingungen der militärischen Intervention unerhört schwierig war. Baku und Grosny, in deren Reservoiren sich bedeutende Erdölressourcen akkumuliert hatten, fielen im Verlaufe der militärischen Handlungen mehrfach in die Hände der Gegner der Sowjetrepublik.

Der schwere Winter 1918/1919 brach herein. Hunger und Kälte knebelten Moskau, Petrograd und andere Industriezentren der Republik. Es gab weder Brennholz noch Kohle noch Erdöl. In dieser schweren Zeit verfolgte W. I. LENIN persönlich die Bewegung jedes Kohlenzuges, jedes Erdöltransports. Er unterband unerbittlich alle Versuche einer falschen Verwendung des für die Industriezentren bestimmten Brennstoffs.

Im Frühjahr 1920 wurden Grosny und Maikop von den Truppen der Roten Armee befreit, in Baku wurde die Sowjetregierung wiederhergestellt. Es eröffneten sich die Perspektiven für die Nutzung der Erdölressourcen des Kaukasus. In seiner Rede am 29. April 1920 berichtete WLADIMIR ILJITSCH auf dem Gesamtrussischen Verbandstag der Glas- und Porzellanarbeiter mit Freude: „... Wir erhielten eine Meldung aus Baku, die besagt, daß sich die Lage Sowjetrußlands zum Bessern wendet ... Wir haben die Nachricht erhalten, daß das Bakuer Proletariat die Macht in seine Hand genommen und die aserbaidshanische Regierung gestürzt hat. Das bedeutet, daß wir jetzt über eine ökonomische Basis verfügen, die unsere ganze Industrie beleben kann."[25])

Der Zustand der Erdölfelder in Baku und Grosny war jedoch äußerst schlecht. Fast alle Bohrfelder waren zerstört und verwässert, die Erdölförderung war praktisch völlig zum Stillstand gekommen. Die auf den Erdölfeldern verbliebenen Ölindustriellen sabotierten die erforderlichen Maßnahmen zur Wiederherstellung.

[24]) Ebenda, S. 906–907.

[25]) W. I. LENIN, „Werke", Bd. 31, S. 109. Dietz Verlag, Berlin 1959.

Nachdem sich W. I. LENIN mit dem Bericht I. M. GUBKINS „Über die Lage der Dinge in den ölführenden Gebieten der Republik" und anderen Materialien, die den Zustand der Erdölindustrie charakterisierten, bekannt gemacht hatte, richtete W. I. LENIN am 28. Februar 1921 an die Mitarbeiter der Hauptverwaltung der Erdölindustrie (Glawneftj) einen Brief folgenden Inhalts:

„Im Zusammenhang mit den beim Glawneftj eingegangenen Berichten über die Verwässerung der Ölbohrungen und mit der in diesem Zusammenhang drohenden Katastrophe bitte ich Sie, mir heute, wenn möglich, das in Ihren Händen befindliche Material (Bücher, Zeitschriften, Berichte u. a.) zur Frage der ausländischen Gesetze und lokaler Festlegungen zu geben, welche einem Erdölindustriellen Strafe androhen, wenn die Bohrungen nicht verschlossen werden, wenn die Abdichtung fehlt, wenn nicht rationell gearbeitet wird usw. Entweder die Gesetze selbst, oder, wenn Sie die nicht zur Hand haben, Angabe der entsprechenden Bücher oder Zeitschriftenaufsätze oder Nachschlagewerke, damit ich sie aus der Bibliothek entleihen kann. Ich bitte, heute noch telefonisch zu antworten. Vorsitzender des Rates der Volkskommissare. LENIN."[26])

Ungeachtet seiner äußersten Inanspruchnahme durch politische und militärische Angelegenheiten, trotz der Notwendigkeit, sich mit den brennendsten Fragen der Versorgung der Werktätigen, besonders der Kinder, mit Lebensmitteln beschäftigen zu müssen, fuhr WLADIMIR ILJITSCH unermüdlich fort, alle Maßnahmen zum Ingangbringen der Erdölindustrie zu verfolgen. Im Frühjahr 1921 trafen neue beunruhigende Nachrichten aus Baku ein. W. I. LENIN wandte sich mit einer Forderung an die Hauptverwaltung für Erdölindustrie und an I. M. GUBKIN: „Sowohl in der Presse als auch in Nachrichten von Ort und Stelle häufen sich die Nachrichten über eine Verschlechterung der Dinge in Baku. Man muß die Aufmerksamkeit und die Sorge um Baku verstärken. Ich bitte, dem Rat für Arbeit und Verteidigung ein Programm der systematischen Hilfsmaßnahmen für Baku unter Einbeziehung von Einkäufen im Ausland vorzulegen. Man muß eine ständige Beobachtung dessen einrichten, was in Baku geschieht und womit wir helfen. Zu beiden Fragen ist je ein kurzes Fazit zu ziehen (a: was ist; b: was haben wir gegeben) und unermüdlich zu beobachten. Der Vorsitzende des Rates für Arbeit und Verteidigung. LENIN."[27])

Im Juli 1921 wurde auf Hinweis W. I. LENINS eine spezielle Kommission zur Untersuchung des Zustands der Erdölbetriebe an Ort und Stelle und zum Ergreifen dringlicher Maßnahmen nach Baku und Grosny entsandt.

Der zur Kommission gehörende I. M. GUBKIN erinnert sich: „... Ich sah mit eigenen Augen, welchen Grad der Zerstörung die Erdölgebiete von Baku und Grosny erreicht hatten. Die alten berühmten Erdölfelder: Balachany, Sabuntschi, Ramany und Bibi-Eibat bildeten einen Friedhof, auf ihnen glomm kaum noch Erdölleben. Die Förderung war zum Stehen gekommen, und

[26]) I. M. GUBKIN, „Erinnerungen an WLADIMIR ILJITSCH LENIN" Im Sammelband „Dem Gedächtnis W. I. LENINS". Verlag der Akademie der Wissenschaften der UdSSR, 1934, S. 916 (russ.).

[27]) I. M. GUBKIN, „Erinnerungen an WLADIMIR ILJITSCH LENIN". Im Sammelband „Dem Gedächtnis W. I. LENINS". Verlag der Akademie der Wissenschaften der UdSSR, 1934, S. 914 (russ.).

die Verwässerung der Bohrfelder schritt unaufhörlich fort, denn das Wasser wurde nicht abgepumpt."[28])

Erst im Jahre 1921, als die notwendigen Maßnahmen ergriffen und realisiert waren, als sich auf Forderung W. I. LENINs die Parteileiter und bedeutende Spezialisten unmittelbar in die Arbeit zur Wiederherstellung der Erdölbetriebe eingeschaltet hatten, begann die Erdölförderung in Baku und in Grosny unentwegt zu wachsen und zuzunehmen.

Der Grad der ungewöhnlichen Aufmerksamkeit W. I. LENINs gegenüber allen Fragen, die sich auf die Wiederherstellung der Erdölfelder bezogen, wird durch die folgende Episode charakterisiert, die mit dem Problem der Versorgung der Erdölindustrie mit Metallrohren zusammenhängt. Alle Nummern der zu jener Zeit erscheinenden Zeitschrift „Erdöl- und Schieferwirtschaft" schickte I. M. GUBKIN ständig an WLADIMIR ILJITSCH, obgleich er annahm, daß LENIN für das Durchsehen dieser viel zu speziellen Zeitschrift kaum Zeit finden würde. Wie groß war das Staunen GUBKINs, als er am 3. Juni 1921 folgenden Brief erhielt:

„Hauptverwaltung der Erdölindustrie, Gen. GUBKIN.

Bei der Durchsicht der Zeitschrift ‚Öl- und Schieferwirtschaft' stieß ich in Nr. 1—4 (1921) auf eine Notiz (S. 199) ‚Über den Ersatz von Metallrohren durch Zementspülung beim Niederbringen von Erdölbohrungen'. Es erweist sich, daß das beim Rotarybohren anwendbar ist, und bei uns in Baku haben wir das, wie ich im Bericht der Bakuer gelesen habe.

Durch den Mangel an Bohrungen gehen wir unter und richten Baku zugrunde. Man kann die eisernen Rohre durch Zement usf. ersetzen, was auf alle Fälle leichter zu beschaffen ist als eiserne Rohre und was nach der Aussage Ihrer Zeitschrift eine ‚ganz geringfügige' Summe kostet.

Und eine solche Nachricht begraben Sie in einer kleinen Notiz einer hochgelehrten Zeitschrift, die in der RSFSR vielleicht ein Mensch von 1000000 zu verstehen in der Lage ist! Warum haben Sie das nicht an die große Glocke gehängt? Warum nicht in die allgemeine Presse gebracht? Warum keine Kommission von Praktikern berufen? Keine fördernden Maßnahmen im Rat für Arbeit und Verteidigung durchgesetzt?

Der Vorsitzende des Rates für Arbeit und Verteidigung. W. ULJANOW (LENIN)."[29])

Dieser Brief setzte I. M. GUBKIN in Erstaunen und betrübte ihn gleichzeitig, da die von W. I. LENIN erwähnte Notiz aus der amerikanischen Zeitschrift „Mining and Metallurgy" (Nr. 12 vom 27. März 1920) nachgedruckt worden war und nur die Ansicht eines Spezialisten darstellte, die nicht durch einen Versuch überprüft worden war. Von all diesem berichtete IWAN MICHAILOWITSCH am 5. Juli 1921 LENIN, wobei er einen Auszug in englischer Sprache beilegte. Bald darauf erhielt er von W. I. LENIN auf einem kleinen Blatt die folgende Antwortnotiz:

„An die Hauptverwaltung für Erdölindustrie, Gen. GUBKIN, 10. 6. 21.

Gen. GUBKIN — Ihr Brief und der Auszug erklären die Sache völlig. Wenn das ein Vorschlag ist, ändert das die Sache natürlich. Soviel ich mich erinnere, hat man diesen wichtigsten Teil des englischen Textes in der russischen Zeitschrift ausgelassen.

Man muß exakte Maßnahmen zur Hilfe für Baku ausarbeiten und dem Rat für Arbeit und Verteidigung vorlegen und ihre Ausführung verfolgen.

Mit kameradschaftlichem Gruß! LENIN."[30])

Die LENINsche Notiz brachte I. M. GUBKIN viel Freude. Aus ihr ersah er, daß sich WLADIMIR ILJITSCH nachsichtig zu dem Fehler der von ihm redigierten Zeitschrift verhielt, und das wichtigste — er hatte sich davon überzeugt, daß LENIN unermüdlich verfolgte, was in Baku und in der Erdölindustrie überhaupt geschah. Der Sache der Wiederherstellung und Rekonstruktion der Erdölindustrie in der Sowjetrepublik schenkte W. I. LENIN ständig außerordentliche Beachtung und half dieser Sache mit der gesamten Kraft seiner Macht und seiner Autorität (I. M. GUBKIN).

Viele Sorgen und viel Beachtung widmete W. I. LENIN der Entwicklung der Ölschieferindustrie und der Ölschiefer-Sapropelnutzung.

Bereits im Sommer 1918, erinnert sich I. M. GUBKIN, interessierte eine Gruppe Petrograder Ingenieure LENIN für die sogenannten Kukersitschiefer und für das Ölschieferproblem überhaupt, dessen erfolgreiche Lösung die Brennstoffkrisis hätte etwas mildern können und den Grund legen können zu einer Nutzung der Brennschiefer als chemischen Rohstoff für die Gewinnung primären Pechs und die Herstellung vieler wertvoller Produkte daraus. Bei unmittelbarer Unterstützung LENINs bewilligte der Rat der Volkskommissare für dieses Vorhaben erhebliche Mittel.

Im selben Sommer 1918 entsandte die Hauptverwaltung für Erdölindustrie eine Expedition zur Erkundung der Ölschiefer in das Gebiet des Dorfes Undora an der Wolga, nicht weit von Simbirsk. Trotz der äußerst schwierigen Bedingungen jener Zeit (die Front bewegte sich durch das Arbeitsgebiet) erfüllten die Geologen der Expedition die ihnen gestellte Aufgabe und sandten einen Waggon mit Brennschiefer zur Untersuchung nach Moskau. Im folgenden Jahre, 1919, wurden die Arbeiten zur Untersuchung dieser Lagerstätte fortgesetzt und die Schiefergrube Undora geschaffen. Gleichzeitig wurde mit dem Abbau der bituminösen Gesteine der Lagerstätte Sjukejewo begonnen, um daraus flüssige Bitumina zu extrahieren, sowie mit dem Abbau einer Brennschieferlagerstätte bei Sysranj. Alle Arbeiten leitete das innerhalb des Obersten Volkswirtschaftsrats gebildete Hauptschieferkomitee. Über die Ergebnisse der Erkundung und Untersuchung der Schiefer berichtete I. M. GUBKIN zusammen mit anderen Spezialisten persönlich W. I. LENIN, der sich ständig für dieses Problem interessierte.

Hier die Erinnerungen I. M. GUBKINs an persönliche Begegnungen mit LENIN im Zusammenhang mit dem Schieferproblem, die im Jahre 1919 stattfanden:

„Als wir zu WLADIMIR ILJITSCH in den Kreml gingen, nahmen wir die Produkte mit, die aus Schiefern und Sapropelen in unseren damals winzigen Laboratorien hergestellt worden waren.

Genossin FOTIJEWA — die Sekretärin W. I. LENINs — bat uns, WLADIMIR ILJITSCH mit unseren Gesprächen nicht zulange aufzuhalten.

[28]) Ebenda, S. 914–915 (russ.).
[29]) Ebenda, S. 913 (russ.).
[30]) Ebenda, S. 913–914 (russ.).

WLADIMIR ILJITSCH empfing uns in seinem Arbeitszimmer, das hinter dem Sitzungssaal des Rates der Volkskommissare lag. Innerlich fürchtete ich mich vor dieser Begegnung, fürchtete, mich irgendwie zu blamieren. Ich hatte niemals jenen Unterschied vergessen, der zwischen mir, einem Durchschnittsmitarbeiter, und diesem großen Menschen von gewaltigem Verstand und eisernem Willen bestand, der eine in der Geschichte der Menschheit noch nicht gesehene Revolution führte ...

Aber dieser Zustand dauerte nicht lange. Vor mir sah ich einen liebenswerten einfachen Genossen, der es irgendwie verstand, mich sofort so zu behandeln, daß alle Ängste schwanden. Ich ließ mich vom Gespräch fortreißen, fühlte, daß ILJITSCH mich mit großem Interesse anhörte. Zuerst unterhielten wir uns im Sitzen, aber dann standen alle auf und setzten das lebhafte Gespräch fort.

Genossin FOTIJEWA kam mehrmals herein, um zu verstehen zu geben, daß es Zeit sei, unser Gespräch zu beenden; denn ILJITSCH erwarteten im Empfangszimmer noch viele Menschen. Wir demonstrierten währenddessen das aus dem Schieferpech erhaltene Benzin und Petroleum, das aus dem Sapropel erhaltene Paraffin. WLADIMIR ILJITSCH schätzte sogleich mit seinem durchdringenden Verstand ein, welche Bedeutung die Brennschiefer und der Faulschlamm (Sapropel) in der Wirtschaft unseres Landes erhalten könnten, und sagte der neuen Sache volle Unterstützung zu."[31])

Mit dem Namen W. I. LENINs steht noch eine der größten Errungenschaften der Sowjetwissenschaft im Zusammenhang, nämlich die Untersuchung der Kursker Magnetanomalie. Die ganze Welt weiß jetzt von den grandiosen Eisenerzvorräten der Kursker Magnetanomalie, aber in den ersten Jahren der Untersuchung dieser Anomalie wurde dieses Problem von vielen nicht nur nicht unterstützt, im Gegenteil, man begegnete ihm mit äußerster Feindseligkeit. Und auch die Situation im Lande, das noch den Bürgerkrieg durchlebte, war unerhört schwer.

In seinen Erinnerungen an die Geschichte der Untersuchung der Kursker Magnetanomalie und an die ersten Schritte zur Erkundung der Eisenerzlager im Gebiet dieser Anomalie schreibt I. M. GUBKIN:

„Diese Sache vorwärtszubringen, bei der es von Anfang an weitaus mehr Feinde als Freunde gab, sie durch alle Hindernisse hindurchzubringen, war nur mit der ständigen Hilfe WLADIMIR ILJITSCHs möglich. Und Hindernisse gab es eine Riesenzahl; denn wir mußten unter außerordentlich schwierigen Verhältnissen arbeiten. Bald fehlte dies, bald jenes. Sehr häufig mußten wir ILJITSCH mit unseren Bitten belästigen.

Vom Gesichtspunkt der Größe des Unternehmens war unser Vorhaben klein, es wurden ihrem Maßstab nach relativ geringe, wenn auch dem Wesen nach wichtige, Arbeiten durchgeführt. Ungeachtet dessen schuf ILJITSCH dafür Ausnahmebedingungen, die der Arbeit helfen konnten. Er setzte über den Rat für Arbeit und Verteidigung einen Beschluß durch, der die Untersuchung der Kursker Magnetanomalie den wichtigsten und erstrangigen staatlichen Vorhaben gleichsetzte ... Das gab uns die Möglichkeit, den Kampf um die Kursker Anomalie zu führen und bestimmte Ergebnisse zu erreichen. Die geophysikalischen Arbeiten (Magnetik, später auch Gravimetrie) schritten im Sommer 1921 so voran, daß sie uns gestatteten, den Platz für die Ansetzung einer Bohrung auszuwählen, die dann im Sommer 1921 begann, wovon wir WLADIMIR ILJITSCH berichteten."

„Die Ergebnisse der magnetischen und gravimetrischen Aufnahme", fährt I. M. GUBKIN fort, „und insbesondere die Bohrergebnisse hielten ein angespanntes Interesse sowohl bei WLADIMIR ILJITSCH als auch bei einer Reihe verantwortlicher Mitarbeiter (den Genossen KRSHISHANOWSKI, KRASSIN u. a.) an den Arbeiten zur Untersuchung der Kursker Anomalie aufrecht. Der beste Agitator für unsere Sache war die Bohrung ... Besonders wuchs das Interesse an unserer Arbeit, als der Meißel im Bohrloch ein hartes Gestein antraf, das sich als eine Schicht aus Eisenerzquarziten erwies ..."[32])

W. I. LENIN war ständig auf dem laufenden über alle Arbeiten, die im Gebiet der Kursker Anomalie durchgeführt wurden, auf dem laufenden über alle Erfolge und Mißerfolge. Von dem starken Interesse WLADIMIR ILJITSCHs an der Kursker Magnetanomalie zeugt folgende, an G. M. KRSHISHANOWSKI adressierte Notiz (April 1922):

„Gestern sagte mir MARTENS, daß das Vorhandensein unerhörter Eisenreichtümer im Gouvernement Kursk ‚bewiesen' ist (Sie sagten ‚fast'). Wenn das so ist, muß man nicht dann bereits im Frühjahr: 1. dort die notwendigen Schmalspurbahnen legen, 2. das nächste Torfmoor (bzw. Torfmoore) zur Exploitation für die Errichtung eines Elektrokraftwerks vorbereiten? ... Diese Sache muß man besonders energisch durchführen. Ich befürchte sehr, daß ohne dreifache Kontrolle die Sache einschläft."[33])

Nach einem Jahre, im April 1923, erhielt man die ersten Kerne der Eisenerzquarzite. Aber zu dieser Zeit war WLADIMIR ILJITSCH bereits sehr krank und konnte sich nicht zusammen mit den Erforschern der Kursker Magnetonomalie freuen, die in jener Zeit die Helden des Tages wurden. Die besondere Kommission zur Untersuchung der Kursker Magnetanomalie wurde mit dem Orden des Roten Arbeitsbanners ausgezeichnet.

Es vergingen Jahre, Jahrzehnte. Von einer neuen Generation sowjetischer Geologen wurden in den Gebieten der Kursker Magnetanomalie riesige Vorräte reicher, ihrem hohen Metallgehalt nach einzig dastehender Eisenerze, ferner noch größere Vorräte von Eisenquarziten entdeckt und erkundet. Auf der Basis der Eisenerzlagerstätten der Kursker Magnetanomalie arbeiten bereits große Gruben und Tagebaue, werden Bergbau- und Aufbereitungsanlagen errichtet, und nicht weit ist die Zeit, wo hier, nicht fern von Moskau, ein gigantisches metallurgisches Kombinat errichtet werden wird, eines der größten in der UdSSR und in der Welt.

So schätzte W. I. LENIN bereits vor einem halben Jahrhundert die gewaltige volkswirtschaftliche Bedeutung der Kursker Magnetanomalie für die künftige Entwicklung der Wirtschaft des Sowjetstaates ein.

Von besonderem Interesse sind heute auch die Gedanken W. I. LENINs über die Reichtümer Sibiriens.

In den ersten Jahren nach der Oktoberrevolution, als sich die Industrie der jungen Sowjetrepublik noch in

[31]) Ebenda, S. 920–921.

[32]) Ebenda, S. 924–925.

[33]) W. I. LENIN, Vollständige Ausgabe, Bd. 54, S. 227 (russ.).

einer schweren Lage befand, als es galt, in erster Linie die Kohlenschächte des Donbass, die Erdölfelder von Baku und Grosny, die Eisengruben des Urals und der Ukraine wiederherzustellen, war es noch sehr schwer, an die Nutzung Sibiriens zu denken. Nichtsdestoweniger sagte W. I. LENIN bereits im Dezember 1920 auf dem VIII. Gesamtrussischen Sowjetkongreß, daß „die Bodenschätze Sibiriens schlechthin unermeßlich sind", daß „es hier solche Bodenschätze wie Kupfererz gibt, das ... für die Elektroindustrie dringend benötigt wird".[34])

Seit dieser Zeit verging eine relativ kleine historische Frist. Die „unermeßlichen Bodenschätze Sibiriens", von denen WLADIMIR ILJITSCH an der Schwelle des Werdens des Sowjetstaates sprach, wurden jetzt die Grundlage neuer großer Bergbaubetriebe der sozialistischen Industrie, die die sowjetische Wirtschaft mit Kupfer, Nickel, Eisenerz, Kohle, Erdöl und Erdgas versorgen.

* * *

Vor mehr als einem halben Jahrhundert, im Jahre 1918, schrieb W. I. LENIN: „Wir haben sowohl in den Naturschätzen als auch in den Reserven an menschlichen Kräften sowie in dem herrlichen Elan, den die große Revolution der Schöpferkraft des Volkes verliehen hat, die Voraussetzung, um ein wirklich mächtiges und reiches Rußland zu schaffen."[35])

Wenn wir der 100. Wiederkehr des Geburtstags WLADIMIR ILJITSCH LENINs gedenken, so können wir mit Stolz erklären, daß sich seine Voraussicht voll erfüllt hat: Das ehemals zurückgebliebene, arme Rußland verwandelte sich in kürzester historischer Frist in eine mächtige, hochentwickelte Industriemacht. In bedeutendem Maße trugen dazu die gewaltigen Mineralreichtümer des Landes bei, denen W. I. LENIN immer außerordentliche Bedeutung als „Produktionsmittel für Produktionsmittel" beimaß und die von dem vieltausendköpfigen Kollektiv der sowjetischen Geologen entdeckt und erkundet wurden.

[34]) W. I. LENIN, „Werke", Bd. 31, S. 479. Dietz Verlag, Berlin 1959.

[35]) W. I. LENIN, „Ausgewählte Werke", Bd. II, S. 353. Verlag für fremdsprachige Literatur, Moskau 1947.

Zur Gegenstandsbestimmung und zur Zielstellung der Geochemie (Geochemie in engerem Sinne)

J. DITTRICH, Freiberg

Die bisherigen Gegenstandsbestimmungen der Wissenschaften reduzierten sich meist auf die Beschreibung des betreffenden Objektbereichs, der dem Wissenschaftsgegenstand gleichgesetzt wurde. Im Zeitalter der wissenschaftlich-technischen Revolution und unter sozialistischen Produktionsverhältnissen wird die Wissenschaft aber zu einer Hauptproduktivkraft (ganz besonders die Chemie und ihre Disziplinen inklusive Geochemie). Diese gesellschaftliche Erscheinung entspricht einer Wesensänderung der Wissenschaften und ist von fundamentaler Bedeutung für den gesamtgesellschaftlichen Fortschritt. Aus diesem Grunde muß die Bestimmung des Gegenstandes über ihren Objektbereich hinausgehen und die Zielstellung sowie die Mittel ihrer Realisierung einschließen. Die Bestimmung des Gegenstandes einer Wissenschaft muß deshalb die dialektische Fragestellung Was? (Objektbereich), Wie? (Methoden — Verfahren) und Warum? (gesellschaftliche Aufgabenstellung) enthalten bzw. beantworten.

Ausgehend von dieser Auffassung ergibt sich die Gegenstandsbestimmung der Wissenschaft „Geochemie" wie folgt:

„Die Geochemie ist die Wissenschaft von den statistischen Gesetzen der Migration der Elemente und Isotope im Bereich der Erde sowie den dadurch bedingten Verteilungen in den verschiedensten geologischen Sphären sowie der gesamten Erde.

Die Geochemie versucht mit modifizierten Methoden der verschiedensten Wissenschaften, die Kreisläufe aller Elemente des PSE im Bereich der Erde zu ermitteln, um darauf aufbauend deren Assoziationen zu erkennen und gesellschaftlich nutzen zu können."

Aus dieser Definition ist ersichtlich, daß die Geochemie nicht mit jener Wissenschaft identisch ist, die die gesamte chemische Seite der geologischen Bewegungsform beinhaltet. Die Geochemie stellt nur eine von mehreren Disziplinen dar, die chemische Prozesse im geologischen Bereich untersuchen. Mineralogie, Petrographie und Elemente der Isotopengeologie haben ebenfalls chemische Prozesse zum Gegenstand. Die Kosmochemie wird sich mit der fortschreitenden Entwicklung der Naturwissenschaften immer mehr als jene Wissenschaft erweisen, die die chemischen Erscheinungen des geologischen Bereichs insgesamt als Gegenstand einschließt. Die Geochemie ist in diesem Zusammenhang dann als Teilgebiet der Kosmochemie zu betrachten. Von hier aus wird sie ihre umfassende theoretische Grundlage erhalten, und dadurch bedingt wird eine weitere Möglichkeit zur Ermittlung von geochemischen Erkenntnissen geschaffen. Die Beziehungen der Geochemie werden sich dann als konkrete Erscheinungen der Kosmochemie im Bereich der Erde erweisen.

H. LANGE (1965, S. 116) weist auf die Problematik hin, wenn er schreibt:

„Durch die zunehmende geistige Befruchtung von Kosmochemie werden sich auch in der Geochemie

Eingang des Manuskripts in der Redaktion: 8. 1. 1970.

manche Verteilungssätze präziser, wenn nicht überhaupt erst einmal fassen lassen."

Auch FERSMAN (1949) schreibt:

„Unsere Erde ist nur ein kleines Stück dieses Weltalls, aber ihre Gesetze sind die des Weltgebäudes."

Versteht man die Kosmochemie als die Wissenschaft von den allgemeinen chemischen Prozessen im Bereich der Planeten und Sterne, so kann man vom heutigen Stand der Wissenschaften ausgehend sagen, daß Petrographie, Mineralogie, z. T. auch Isotopengeologie und Geochemie einige ihrer Zweigdisziplinen darstellen. Die Kosmochemie steht zu ihnen dann im Verhältnis wie das Allgemeine zum Besonderen. In Analogie zur Geochemie muß es dann auch eine weitere Reihe spezieller kosmochemischer Disziplinen geben. Ihre Ausbildung ist vom fortschreitenden Erkenntnisstand und den praktischen Bedürfnissen der Gesellschaft abhängig. Es wird sich dabei besonders die Anzahl der der Geochemie analogen Disziplinen vergrößern, da sie im Gegensatz zu den anderen Disziplinen viel stärker objektbezogen sind. Wenn auch die Mineralogie und die Petrographie zu den chemischen Disziplinen der Geologie zu zählen sind, so heißt das nicht, daß diese Zuordnung eindeutig ist. Zum Gegenstand der Mineralogie und der Petrographie gehören auch Beziehungen, die zur Physik bzw. zur Biologie überleiten. Wesentliche Inhalte von Mineralogie und Petrographie sind jedoch chemischer Natur. Die Geochemie ist ebenfalls durch die Beziehungen der Chemie zur Geologie bestimmt; ihr Inhalt erfaßt aber diese Beziehungen nur partiell.

Würde man alle chemischen Disziplinen der Geologie als Einheit betrachten (etwa in der Form einer mineralogisch-chemischen Geologie), um damit alle chemischen Prozesse der geologischen Bewegungsform zu erfassen, so könnte man definieren:

„Zu ihrem Gegenstand gehören vorwiegend alle Prozesse der räumlich-chemischen Bewegung der Elemente im Bereich der Erde, die Gesetzmäßigkeiten über deren natürlich entstandene Verbindungen sowie der Ausbildung und der Eigenschaften deren Assoziationen auf natürlicher Grundlage."

Dies entspricht dann der Geochemie in weitestem Sinne.

Diese Disziplin wäre dann eine Stufe der Kosmochemie in Form des Übergangs vom allgemein Abstrakten zum speziell Konkreten. Da die Wissenschaft mit Hilfe der Spetralanalyse, der Meteoritenkunde und in Zukunft sicher auch durch direkte Angaben zu beweisen vermag, daß der Weltraum aus einheitlichen Bausteinen (in Form der chemischen Elemente) besteht, ist die Erforschung kosmochemischer Probleme von allgemeiner und damit grundlegender Bedeutung.

Ausgehend von der Kosmochemie wäre dann die in der Abbildung dargestellte Einteilung denkbar.

Daß die Kosmochemie selbst als Disziplin einer noch allgemeineren chemischen Theorie erscheinen kann, muß als Möglichkeit anerkannt werden. Diese Entscheidung ist vom Erkenntnisstand der Kosmologie und Kosmogonie abhängig. Die Kosmochemie selbst muß als partielle Disziplin einer komplexen Bewegungsform betrachtet werden (kosmologische Bewegungsform).

In der Reihe a ergibt sich dann eine Reihe von Wissenschaften, die bestimmte chemische Erscheinungen der geologischen Bewegungsform untersuchen. Die mineralogisch-chemische Geologie erscheint dann als die allgemeine Wissenschaft, die das Verhältnis von chemischer und geologischer Bewegungsform insgesamt untersuchen müßte, während die untergeordneten Disziplinen nur bestimmte Seiten der Wechselwirkung von chemischer und geologischer Be-

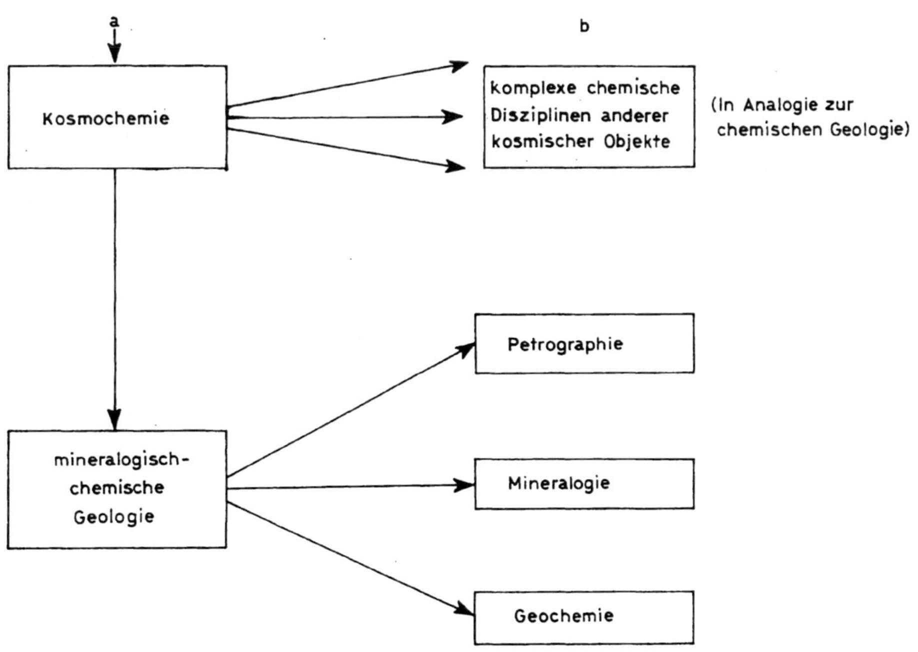

Abbildung

wegungsform betrachten. Es muß darauf hingewiesen werden, daß der hier verwendete Terminus „mineralogisch-chemische Geologie" nicht in jedem Falle mit dem in der geologischen Literatur verwendeten identisch ist, da dieser Ausdruck dort sehr unterschiedlich bzw. nur untergeordnet verwendet wird. Keinesfalls darf aber gelten, daß der Gegenstand der Geochemie durch die allgemeine Wechselwirkung von geologischer und chemischer Bewegungsform charakterisiert wird. Diese Definition erfaßt den Gegenstand der als mineralogisch-chemische Geologie bezeichneten Disziplin.

Der Begriff „mineralogisch-chemische Geologie" erhält im vorliegenden Beitrag deshalb die Bestimmung zur Bezeichnung des chemischen Prozesses in der Geologie.

In der Reihe b ergibt sich dann eine Gruppe der mineralogisch-chemischen Geologie paralleler Gebiete, deren Gegenstände durch die allgemeinen Wechselwirkungen der chemischen Bewegungsform mit den betreffenden konkret-planetaren Erscheinungen ausgedrückt werden. Ob allen planetaren Wechselwirkungen eigene Bewegungsformen zugesprochen werden können oder ob sie durch die geologische Bewegungsform zu erfassen sind, muß offengelassen werden. Allerdings muß anerkannt werden, daß die Erscheinungen der geologischen Bewegungsform für eine Klasse von Objekten zutreffen. Während für die mineralogisch-chemische Geologie und ihre analogen Disziplinen ein bestimmter Grad von Gemeinsamkeiten vorauszusehen ist (eventuell einheitliche Disziplin), kann dies nicht in gleichem Maße für alle untergeordneten chemischen Disziplinen gelten. Es ist eher möglich, die mineralogischen Erscheinungen verschiedener kosmischer Objekte durch eine Wissenschaft zu erfassen, als dies für die Geochemie möglich ist. Die Geochemie beschäftigt sich eben speziell mit dem Verhalten der chemischen Elemente im Bereich der Erde. Der Schwerpunkt, entsprechend ihrem gegenwärtigen Inhalt, liegt dabei im Verhalten im Bereich des Objekts „Erde". Es ist daher zu erwarten, daß die der Geochemie analogen Disziplinen weit zahlreicher sein werden als alle anderen chemischen Wissenschaften im Sinne von mineralogisch-chemischer Geologie, Mineralogie, Petrographie. Die Spezifik des kosmischen Objekts ist für die Elementverteilung besonders wichtig. Eine Sonderstellung zu ihren analogen außergeologischen Disziplinen (z. B. Migration der Elemente im Objekt Mars) erreicht die Geochemie jedoch dadurch, daß der Mensch durch seine gesellschaftliche Tätigkeit in die Elementverteilung eingreift. Diese Erscheinungen gehören jedoch unbedingt mit zum Gegenstand dieser Wissenschaft.

Es kann gesagt werden, daß die Geochemie als eine spezielle Disziplin der mineralogisch-chemischen Geologie betrachtet werden kann, die besondere chemische Materiestrukturen und ihre Bewegung im Bereich der geologischen Bewegungsform untersucht. Dabei erweist sich die mineralogisch-chemische Geologie wiederum als Zweigdisziplin der Kosmochemie und diese wiederum als strukturbestimmendes Element der kosmologischen Bewegungsform. Sowohl Kosmochemie wie mineralogisch-chemische Geologie oder Petrographie, Mineralogie und Geochemie stellen Elemente komplexer Bewegungsformen dar. Dieses Merkmal deutet auf Gemeinsames hin und unterscheidet sie von der allgemeinen Chemie.

Während jedoch Kosmochemie und mineralogisch-chemische Geologie die Beziehungen selbständiger Bewegungsformen zum Gegenstand haben, untersuchen Geochemie, Mineralogie und Petrographie nur die Beziehungen von Elementen der chemischen Bewegungsform zur geologischen Form. Der Übergang von der Kosmochemie über mineralogisch-chemische Geologie, Petrographie und Mineralogie zur Geochemie bedeutet die Zerlegung des Ganzen in seine Teile durch ständige Unterteilung mit dem Ziel der Beherrschung des Ganzen. Dabei gilt jedoch, daß das Ganze (kosmochemische Prozesse) nur relativ zu sehen ist. Es ist selbst koordinativ gebundenes Element des Komplexen (kosmologische Bewegungsform). Das Verhältnis der Stellung von Kosmochemie : mineralogisch-chemischer Geologie : Geochemie ergibt sich aus folgenden Gesichtspunkten:

a) Alle Disziplinen untersuchen Beziehungen der chemischen Bewegungsform oder ihrer Elemente zu komplexen Bewegungsformen, wobei die chemische Bewegungsform ein strukturbestimmendes Element dieser Bewegungsform darstellt.

b) Während mineralogisch-chemische Geologie und Geochemie zur gleichen Abstraktionsstufe in der Reihe der komplexen Bewegungsform gehören, zählt die Kosmochemie zu einer höheren Stufe der komplexen Bewegungsform (kosmologische Bewegungsform).

c) Kosmochemie und mineralogisch-chemische Geologie untersuchen die Wechselwirkung relativ selbständiger Bewegungsformen, im Gegensatz zur Geochemie, die nur Elemente einer Bewegungsform in ihrer Wechselwirkung zu einer anderen Bewegungsform untersucht.

d) Die Geochemie ist wissenschaftsklassifikatorisch durch eine mehrfache Beziehung gekennzeichnet. Sie steht in koordinativer Beziehung zur mineralogisch-chemischen Geologie bzw. ihren Disziplinen (wie Mineralogie und Petrographie) und ist damit eine geologische Disziplin. Andererseits ist sie subordinatives Element der Kosmochemie und stellt deren konkrete Erscheinung im geologischen Bereich dar. Ferner ist die Geochemie in erweitertem Sinne eine chemische Disziplin, da das Verhalten der chemischen Elemente allgemein gesehen den Gegenstand der Chemie verkörpert. Geochemisches Verhalten heißt aber nichts anderes, als die Bewegung der Elemente (und damit des Chemischen überhaupt) unter den konkreten geologischen Bedingungen. Die mineralogisch-chemische Geologie wird demnach zu einer speziellen chemischen Disziplin, die chemische Reaktionen unter ganz bestimmten Reaktionsbedingungen (geologische Bedingungen — äußere Bedingungen) untersucht. Da die Geochemie ein Teil der mineralogisch-chemischen Geologie darstellt, gilt das dann auch selbstverständlich für sie.

Ausgesprochen geochemische Gedanken lassen sich bis in das 18. Jahrhundert zurückverfolgen. Sie wurden durch die Entwicklung von Bergbau, Geologie und Chemie verursacht. Zu Beginn des 19. Jahrhunderts finden wir Bestrebungen, chemische Daten für die geologische Arbeit zu verwenden. Diese oft als chemische Geologie bezeichnete Richtung wurde hauptsächlich durch SCHÖNBEIN verkörpert. Zu einer selbständigen Wissenschaft wurde die Geochemie erst in der ersten Hälfte des 20. Jahrhunderts. Die Bezeichnung „Geochemie" wurde erstmals 1838 von SCHÖNBEIN verwendet. Nach SAUKOW gilt jedoch, daß der damalige Begriff „Geochemie" nicht den heutigen Gegenstand der Geochemie bezeichnet. Man verstand darunter jene Wissenschaft, die die chemische Zusammensetzung und die Herkunft der Massen, die den Erdball bilden, behandelt. Diese Gegenstandsbestimmung trifft eher jenen Gegenstand, der in dieser Arbeit zur chemischen Geologie gehört und die Geochemie als Teildisziplin einschließt. Mit dem Chemiker CLARKE (1847 bis 1931) erhielt die Geochemie die Tendenz zu ihrem heutigen

Gegenstand. Nach CLARKE besteht die Hauptaufgabe der Geochemie in der Erforschung der quantitativen chemischen Zusammensetzung der Erdkruste.

Sein 1908 erschienenes Werk „Data of geochemistry" liefert eine wesentliche geochemische Grundlage für die Weiterentwicklung dieser Wissenschaft in Form der Angaben der als CLARKE-Werte bezeichneten Erkenntnisse. Mit CLARKE beginnt die quantitative Betrachtung des Gegenstandes der Geochemie. Die Erfassung des Quantitativen bedeutet speziell für die Naturwissenschaften, daß die Voraussetzungen für eine exakte Wissenschaft geschaffen wurden. CLARKE nimmt in der Entwicklung der Geochemie eine ähnliche Stellung ein wie LAVOISIER (1743—1794) in der Chemie.

CLARKES Meinung zur Geochemie, die man als Gegenstandsbestimmung betrachten kann, wird von RÖSLER & LANGE (1965) in ihren geochemischen Tabellen wie folgt definiert:

„Jedes Gestein kann als ein chemisches System angesehen werden, in dem durch verschiedene Mittel chemische Veränderungen hervorgerufen werden können. Jede solche Änderung verursacht eine Störung des Gleichgewichts mit der letztlichen Bildung eines neuen Systems, welches unter den neuen Bedingungen wieder stabil ist. Das Studium dieser Änderung ist das Aufgabengebiet der Geochemie. Die Aufgaben des Geochemikers sind, zu bestimmen, welche Erscheinungen sie begleiten und zu welchem endgültigen Ergebnis sie führen."

Im wesentlichen sah CLARKE den Gegenstand der Geochemie in der Erforschung der quantitativen chemischen Zusammensetzung unseres Planeten, der Erdkruste, bestimmter Elemente und Sphären (S. SAUKOW 1953). Im Vergleich zum heute fixierten Gegenstand der Geochemie wirkt diese Bestimmung als zu eng und einseitig.

Eine Erweiterung erfuhr die Gegenstandsbestimmung der Geochemie durch V. M. GOLDSCHMIDT (1888—1947). Er sah die physikalische Chemie (in umfassendem Sinne) in Form der Anwendung der Thermodynamik und Kristallchemie zur Lösung geochemischer Fragen als wichtige Aufgabe der Geochemie. Er bestimmte den Gegenstand der Geochemie wie folgt:

„Die Aufgabe der Geochemie ist auf der einen Seite die quantitative Bestimmung der chemischen Zusammensetzung des Erdballs, auf der anderen Seite die Feststellung der Gesetze, nach denen sich die Verteilung der einzelnen Elemente vollzieht" (I. P. TRUSOW 1933, S. 5).

GOLDSCHMIDT sah den Gegenstand der Geochemie nicht nur in der statistischen Verteilung der Elemente in der Erde, sondern auch in bestimmten Bereichen und geochemischen Sphären. Als Hauptelement sah er aber die Erforschung jener Gesetze, die die Verteilung der Elemente bestimmen. Da bekanntlich das Wesen einer Wissenschaft im Aufsuchen von Gesetzen besteht, erfuhr die Geochemie vor allem durch GOLDSCHMIDT ihre theoretisch wissenschaftliche Grundlage.

Sah GOLDSCHMIDT den Gegenstand auch weiter als CLARKE und seine Schule, so erwies sich doch auch die GOLDSCHMIDTsche Richtung als zu eng und in gewisser Beziehung zu einseitig. Wie inzwischen bestätigt wurde, sind die geochemischen Prozesse sowohl durch chemische als auch geologische Erscheinungen determiniert. GOLDSCHMIDT suchte die Ursachen vor allem im chemischen Bereich (Daten und Eigenschaften der Atome, PSE, Molekülstrukturen). Dieses primär chemische Gerichtetsein wirkte sich zunächst sehr erfolgreich aus. Die Leistungen der Kristallchemie zeugen davon. Allerdings liegt die Verengung in der teilweisen Vernachlässigung der äußeren (geologischen) Faktoren zur Erklärung geochemischer Prozesse. Das wesentliche dynamische Element der Geochemie, die Migration der Atome bzw. Elemente wurde jedoch weder von der CLARKEschen noch der GOLDSCHMIDTschen Richtung als Hauptelement erfaßt, wenn sie auch auf den Kreislauf der Elemente hinweisen.

Ihre umfassende Aufgabenstellung und damit verbunden ihre noch heute gültige Gegenstandsbestimmung erhielt die Geochemie jedoch erst in unserem Jahrhundert vor allem durch die russischen Gelehrten WERNADSKIJ (1863—1945) und seinen Schüler FERSMAN (1883—1945).

Für beide Wissenschaftler ist typisch, daß sie die Migration der Elemente und deren Verhalten unter den natürlichen raumzeitlichen Bedingungen als zentralen Inhalt der Geochemie betrachten. Als Zielfunktion der Geochemie sahen sie, die geochemischen Bewegungen der einzelnen Elemente zu ermitteln, um, darauf aufbauend, die Geochemie zur Lösung praktischer geologischer Aufgaben in Form der Erkundung und des Erschließens mineralogischer Rohstofflagerstätten anzuwenden.

WERNADSKIJs Verdienst liegt in der theoretischen Begründung der neuen Wissenschaft „Geochemie" sowie in der Erkenntnis der geochemischen Grundgesetze, die er durch Verallgemeinerung der theoretischen Ansichten seiner Vorgänger und des vorhandenen empirischen Faktenmaterials ermittelte. Als Gegenstandsbestimmung der Geochemie formulierte er 1924:

„Die Geochemie untersucht wissenschaftlich die chemischen Elemente, d. h. die Atome der Erdkruste und, soweit möglich, den ganzen Planeten. Sie studiert ihre Geschichte, ihre Verteilung und Bewegung in Raum und Zeit sowie ihre genetischen Wechselbeziehungen auf unserem Planeten" (A. E. FERSMAN 1953, S. 236—237).

Er begründete damit im ersten Drittel unseres Jahrhunderts die Geochemie als selbständige Wissenschaft. FERSMAN modifizierte die Gegenstandsbestimmung von WERNADSKIJ dahingehend, daß er der Bedeutung der physikalischen Chemie für die Geochemie besondere Bedeutung beimaß. FERSMAN schrieb zur Bedeutung der physikalischen Chemie für die geochemische Forschung:

„Mit dem Augenblick, da die Geochemiker anfingen, die Gesetze der physikalischen Chemie anzuwenden, konnten in bezug auf die Natur neue Ideen aufkommen. Der Geochemie brachte das Verfahren den gleichen Nutzen wie die Evolutionstheorie der Biologie" (A. E. FERSMAN 1953, S. 236—237).

An anderer Stelle schreibt er:

„Immer findet die Verteilung der Erzmassen entsprechend den Gesetzen der physikalischen Chemie statt."

Als Mineraloge erkannte FERSMAN besonders deutlich die für die geochemischen Prozesse charakteristischen Determinanten der physikochemischen und kristallchemischen Erscheinungen. Aus dieser Erkenntnis heraus gelangte FERSMAN (1953) schließlich zu seiner Gegenstandsbestimmung. Er definierte:

„Die Geochemie studiert die Geschichte der chemischen Elemente — der Atome in der Erdkruste und ihr Verhalten unter verschiedenen thermodynamischen und physikochemischen natürlichen Bedingungen.

Man würde FERSMAN falsch verstehen, wollte man daraus schlußfolgern, daß die Geochemie angewandte physikalische Chemie sei. Im Feld der natürlichen Bedingungen sah er das bestimmend Geologische, als Gegenstand des Prozesses jedoch das Atom und die Gesetze seiner rein chemischen Bewegung. FERSMAN konnte unter physikalischer Chemie nicht ihren heutigen heterogenen Gegenstand verstehen, sondern er dürfte darunter vor allem jene Komponente gesehen haben, die durch die allgemeinen Gesetze der stoffindifferenten Wechselwirkungen verkörpert werden (PSE, MWG, Gesetze der Thermodynamik und der Reaktionskinetik). Bestimmendes Element der Geochemie war für FERSMAN das chemische Element und seine allgemeinen Wechselwirkungsgesetze unter den speziellen natürlichen (geologischen) Bedingungen.

In Verallgemeinerung der gegebenen Definition formulieren gegenwärtig RÖSLER & LANGE (1965, S. 13):

„Die Geochemie studiert die Verteilungsgesetze der chemischen Elemente und Isotope auf der Erde in Vergangenheit und Gegenwart."

Als Kurzdefinition erfaßt diese Definition vor allem den dynamischen Aspekt dieser Wissenschaft unter Einschluß der Isotope.

Am Beispiel der Entwicklung des Gegenstands der Geochemie lassen sich gewisse allgemeine Ziele der Wissenschaftsentwicklung (Naturwissenschaften) ablesen. Als sehr junge Wissenschaft durchlief die Geochemie in relativ kurzer Zeit eine Entwicklung, die vielen Wissenschaften eigen ist, bezogen jedoch auf weit größere Zeiträume. In einer Analyse über „Gegenstand und Methode der Geochemie" schreibt I. P. TRUSOW (1964, S. 234—284) zur Geochemie:

„Sie ist eine Wissenschaft unseres Jahrhunderts nicht nur nach der Zeit, sondern auch nach der Art ihrer Bildung und Entwicklung, ihrem gesamten Charakter nach. Deshalb erlangt ihre philosophische Analyse großen allgemeinwissenschaftlichen und philosophischen Wert."

Die historische Entwicklung des Gegenstands und der damit verbundenen Aufgabenstellung der Naturwissenschaften läßt sich am Beispiel der Geochemie zu einem wesentlichen Teil allgemein rekonstruieren.

Die Geochemie verdankt ihre Entstehung zunächst der Entwicklung der Chemie. Die ersten als geochemische Probleme zu deutenden Erkenntnisse stellen angewandte chemische Erscheinungen dar, die erst nach einer längeren Entwicklung der Chemie Gegenstand der theoretischen Erfassung werden konnten (LOMONOSSOW 1711—1765 mit seinem Ausspruch: „Die Metalle wandern von Ort zu Ort.", und 100 Jahre später der Chemiker SCHÖNBEIN mit der Fixierung der Geochemie als der Wissenschaft von der Bedeutung der Chemie für die Erde).

Mit fortschreitender Entwicklung der Chemie, verbunden mit der Vervollkommnung der chemischen und physikalischen Analysentechnik entwickelte sich mit CLARKE (1908) eine partielle Disziplin der quantitativen Richtung der Geochemie. Mit der Begründung der modernen Richtung in Physik und Chemie bezüglich der Vorstellungen über die Atome und deren Bewegungsformen (BOHR, LAUE, PLANCK) entwickelte GOLDSCHMIDT den Gegenstand der Geochemie weiter, indem er die Ursachen der geochemischen Migration zu ergründen versuchte und die Verteilungsgesetze der Elemente zum zentralen Inhalt der Geochemie machte. Mit dem Übergang der Geochemie von der vorherrschend quantitativen Bestandsaufnahme bei CLARKE zur Suche nach den bestimmten Migrationsgesetzen erhielt die Geochemie die Grundlagen für eine selbständige Wissenschaft. Von SCHÖNBEIN bis GOLDSCHMIDT erkennt man die vorwiegende chemische Richtung der Geochemie. Zu dieser Zeit war die Bedeutung der Geologie für die Entwicklung der Geochemie von untergeordneter Bedeutung, bedingt u. a. durch die idealistischen und später mechanischen weltanschaulichen Grundkonzeptionen der Geologie in dieser Zeit.

Mit der sowjetischen Schule um WERNADSKIJ, FERSMAN und SAUKOW findet eine Weiterentwicklung des Objektbereichs entsprechend seinen objektiven Grundlagen, der fortwährenden Migration der Elemente bzw. ihrer Atome, statt. Die Gesetze dieser Bewegungen wurden zum zentralen Gegenstand der Geochemie. Diese grundlegenden Migrationsgesetze dienten der Erkenntnis von der Verbreitung und der Bewegung jedes einzelnen Elements in räumlicher und zeitlicher Sicht mit dem Ziel der praktischen Anwendung des Erkundens und bergbaulichen Erschließens.

Mit dieser konkreteren Gegenstandsbestimmung begründete die Geochemie ihre Selbständigkeit von der Chemie, da es jetzt nicht mehr vorwiegend um die Klärung des Chemischen im Bereich des Geologischen ging, sondern um die Migration, also um Fragen, die in einer entfernteren Beziehung zur herkömmlichen Chemie standen. Ein großer Einfluß auf die institutionelle Abtrennung der Geochemie von der Chemie liegt in der Entwicklung der Geologie im 20. Jahrhundert begründet. Die Geochemie erhält jetzt von der Geologie ihre Aufgaben, die der gesellschaftlichen Nutzung der geologischen Bewegungsform entsprechen.

Am Beispiel der Entwicklung des Objektbereichs und damit auch des Gegenstands der Geochemie lassen sich die bestimmenden Erscheinungen der modernen Wissenschaftsentwicklung in Form der Differenzierung und Integration der letzten 40 Jahre beobachten. Während sich mit der gegenwärtigen Entwicklung der Kosmochemie integrierende Tendenzen bemerkbar machen, zeigen die bereits früh eintretenden Differenzierungserscheinungen die Ausbildung relativ abgeschlossener Teildisziplinen (z. B. Isotopengeochemie, Radiogeochemie, Agrogeochemie, physikalische Geochemie, organische Geochemie), die sich neben der Aufgliederung der ursprünglichen Geochemie (Lithogeochemie, Hydrogeochemie, Atmogeochemie, Biogeochemie) herausbildeten.

Resümierend läßt sich feststellen, daß die Ausbildung des Gegenstands der Geochemie sowie der Objektbereiche der Geochemie selbst als Prozeß verstanden werden müssen und nicht abgeschlossen sein können. Seine Ausbildung verdankt der Gegenstand der Geochemie zunächst dem historischen Erkenntnisfortschritt im Bereich der Chemie, der durch das Erschließen neuer Objektbereiche gekennzeichnet ist. Die Ausbildung als selbständige Wissenschaft konnte erst nach einem bestimmten Entwicklungsstand beim Erreichen des Inhalts der Geochemie, vor allem jedoch durch die gesellschaftliche Zielstellung in Form der Aufgabenstellung durch die Geologie, in unserem Jahrhundert erreicht werden.

Der materielle Objektbereich in Form der migrierenden Elemente bzw. ihrer Atome in der Erde wird zum Gegenstand der Geochemie. Das Erschließen des Objektbereichs ist ein dynamischer und vom Subjekt abhängiger Prozeß, d. h., der Objektbereich und damit der Gegenstand einer Wissenschaft verändern sich. Dies zeigt sich, wie vorher beschrieben, am Beispiel der Geochemie sehr deutlich, in dem die Gegenstandsentwicklung historisch verfolgt wurde. Das Vorhandensein des materiellen Objektbereichs der Geochemie ist jedoch nur ein Kriterium zur Ausbildung dieser Wissenschaft. Eine Beschreibung nur des Objektbereichs entspricht deshalb noch keiner Gegenstandsbestimmung der Geochemie. Will man vom heutigen Stand der Naturwissenschaften und der Rolle der Wissenschaften für die Gesellschaft ausgehend eine Gegenstandsbestimmung der Geochemie vornehmen, so müssen folgende Aspekte untersucht werden und in der Gegenstandsbestimmung erfaßt sein:

a) die Beschreibung des Gegenstands der Geochemie (Fixierung ihres Objektbereichs),

b) die Gesetze und die Methoden der Geochemie,

c) die Aufgaben der Geochemie als gesellschaftliche Zielstellung.

Zur Methodik der Geochemie kann man sagen, daß die Vielzahl ihrer Methoden durch den Gegenstand der Geochemie logisch bedingt ist. Die Geochemie hat die Bewegung der Atome durch alle der chemischen Bewegungsform genetisch und komplex folgenden Formen zum Gegenstand. In der Geochemie muß die Atombewegung unter dem Aspekt ihrer historischen Bewegung unabhängig von der Bewegungsform untersucht werden. Damit durchdringt die Geochemie viele Wissenschaften bzw. wird zu der wichtigsten komplexen Naturwissenschaft. Die Untersuchung der historischen Atombewegung in den anderen Bewegungsformen erfordert dann die Übernahme ihrer Methoden. Es muß jedoch bemerkt werden, daß die Methoden oft zu ihrer geochemischen Verwertbarkeit modifiziert werden müssen. Dabei werden sie aber noch keine selbständigen „geochemischen Methoden". Man muß vielmehr sagen, daß die Methodik der Geochemie aus einer Vielzahl bekannter bzw. modifizierter Methoden der Naturwissenschaften und des Denkens besteht, die in ihrer Gesamtheit spezifisch ist. Es gibt eine geochemische Methodik, jedoch gegenwärtig noch keine ausgesprochen geochemischen Methoden. Die nachweisbare geochemische Methodik ist ein weiteres Kriterium der Ausbildung der selbständigen Wissenschaft „Geochemie" neben dem nachgewiesenen geochemischen Objekt und den geochemischen Gesetzen.

Die Entwicklung bzw. die Ausbildung von Wissenschaften ist eng mit den beiden grundlegenden Denkoperationen der analytischen und synthetischen geistigen Tätigkeit der Menschheit verbunden. Während durch die Analyse das wissenschaftliche Objekt zur besseren Erkenntnis methodisch immer weiter zerlegt wird, führt die Synthese zur Verbindung von einzelnen Objekterscheinungen mit dem Ziel der Erkenntnis von Zusammenhängen und schafft damit die Voraussetzungen zum Beherrschen des Objekts. Diese allgemeine Denkmethodik der dialektischen Beziehung von Synthese und Analyse finden wir bei der Ausbildung der Wissenschaftstypen widergespiegelt. Dabei finden wir bei der Ausbildung der Grundlagendisziplinen den analytischen Prozeß des Vordringens der Erkenntnis widergespiegelt, während das Entstehen der angewandten und der vorwiegend auf die gesellschaftliche Nutzung orientierten Wissenschaften den synthetischen Prozeß verkörpert. So wie Synthese und Analyse nur in ihrem Wechselspiel zur Erkenntnisgewinnung führen, stellen die sogenannten Grundlagenwissenschaften und die angewandten Wissenschaften nur zwei Aspekte einer einheitlichen Wissenschaft dar. Mit anderen Worten ausgedrückt, ist das der Prozeß der Differenzierung und Integration in den Wissenschaften, der für das ganze System der Wissenschaften wie für jede einzelne Disziplin Gültigkeit besitzt.

Historisch gesehen beobachtet man zunächst vorwiegend Differenzierungserscheinungen. Die vornehmlich angewandten und integrierenden Wissenschaften entstanden hauptsächlich in der Epoche der industriellen Revolution. Im Zeitalter der wissenschaftlich-technischen Revolution unter sozialistischen Produktionsverhältnissen werden sie zur gesellschaftlichen Notwendigkeit, zur Produktivkraft. Wenn auch letztlich die Mehrung des Wissens und die damit verbundene Ausbildung von Wissenschaften immer gesellschaftlich bedingt sind und damit eingeschlossen die Ausbildung der analytisch entstandenen klassischen Disziplinen, so besteht in dieser Beziehung doch ein wesentlicher Unterschied zwischen beiden Grundtypen. Man kann sagen, daß in der ersten Etappe der Wissenschaftsentwicklung, die durch die Ausbildung der klassischen Grundlagendisziplinen charakterisiert ist, die gesellschaftlichen Bedürfnisse bzw. die gesellschaftliche Zielsetzung nur mittelbar wirksam waren.

Die Wissenschaftsentwicklung im 20. Jahrhundert baut hauptsächlich auf den analytisch entstandenen Disziplinen auf und ist stark von integrierenden Erscheinungen beherrscht. Hier wird die synthetische Methode vorherrschend. Dieser Prozeß ist vor allen Dingen dadurch bedingt, daß die moderne Wissenschaft in der gegenwärtigen Zeit zur unmittelbaren Produktivkraft wird. Die Wissenschaft wird hier primär zum Mittel der Beherrschbarkeit bestimmter Objekte. Die Theorie der Beherrschbarkeit ist aber komplexer Natur, entsprechend dem universellen Zusammenhang der materiellen Erscheinungen. Die analytischen Grundlagendisziplinen werden damit die Voraussetzungen zum Mittel zur Beherrschung des Ganzen bzw. seiner komplexen Elemente. Ein solches komplexes Element stellt die „gesellschaftliche Nutzung der Migration der chemischen Elemente" als „Wissenschaft Geochemie" dar.

An der Ausbildung der Geochemie findet man diese allgemeinen wissenschaftstheoretischen Erkenntnisse besonders gut bestätigt, wenn man die historische Entwicklung des Gegenstands betrachtet. In der vorbereitenden Etappe der Ausbildung der Geochemie, die von LOMONOSSOW bis zur Konzipierung durch CLARKE gerechnet werden könnte, beobachtet man bereits die praktische Zielstellung der Geochemie. Dieses Kapitel findet sich in der Geochemie viel deutlicher als in den Vorstadien der Entwicklung anderer Naturwissenschaften. Ursprünglich als Anwendung der Chemie im Bergbau verstanden (LOMONOSSOW, WERNER, SEVERGIN, BREITHAUPT, HUMBOLDT, SCHÖNBEIN), sah man die Chemie (Geochemie) als Hilfswissenschaft für praktische bergbautechnische und geologische Zielsetzungen ohne ausgeprägte spezifische geochemische Theorie. Als Hauptetappe gilt die Periode von CLARKE bis zur Gegenwart. Hier erhält die Geochemie ihren eigenen Gegenstand in Form der Erkenntnis der Migration und ihrer Nutzung; es kommt zur eigenen Theorienbildung und zur Abgrenzung von Chemie und Geologie. Diese Periode ist gewissermaßen durch die Differenzierung der Wissenschaften (Chemie und Geologie) gekennzeichnet, wodurch sich der eigene Gegenstand der Chemie herausbildet. Doch dieser analytische Prozeß in der Erkenntnis der Geochemie erfolgte nicht losgelöst von der praktischen Zielstellung, jedoch wirkte dieser Aspekt sekundär. Es ging in dieser Periode in erster Linie um die Erkenntnis bestimmter Bereiche der Geochemie, es ging hier im Gegensatz zur Vorbereitungsperiode und der nachfolgenden sowjetischen Richtung primär um die Geochemie als Wissenschaft von der Erkenntnisgewinnung. Das heißt nicht, daß in dieser Zeit die Anwendung der Geochemie ignoriert worden wäre; sie ist jedoch als sekundär einzuschätzen.

Mit der sowjetischen Schule, ausgehend von WERNADSKIJ und FERSMAN und bis zur Gegenwart reichend, tritt die praktische Zielsetzung in den Vordergrund. Die Geochemie wird wieder primär zu einer Wissenschaft der Lösung praktischer Fragen und erweitert dadurch ständig ihre Theorie, allerdings im Gegensatz zur Vorbereitungsperiode, die auf keiner eigenen geochemischen Theorie aufbaute.

Aus der Zielstellung der Geochemie und ihrer historischen Entwicklung bestätigt sich das materialistische Erkenntnisprinzip als Prozeß von lebendiger (komplexer) Anschauung zur Abstraktion (theoretischer Erfassung) und dann zur Anwendung in der Praxis (gesellschaftlicher Nutzung) sehr deutlich. Die sowjetischen Geochemiker, die die Geochemie als selbständige Disziplin begründeten, taten dies aus der Erkenntnis, mit Hilfe der Geochemie solche praktischen Fragen wie jene der Erkundung und der Nutzung mineralischer Rohstoffe zu lösen. Diese Aufgaben, die die sozialistische Heimat an sie stellte, konnten sie nur lösen, indem sie den Gegenstand viel weiter als ihre Vorgänger sahen und das geochemische Wesen theoretisch erfaßten, damit die Nutzung umfassend möglich wurde. Ihr Ziel waren die auf theoretischer Grundlage erfolgenden Nutzungen von den Erkenntnissen der räumlichen und zeitlichen Wege jedes einzelnen Elements.

In dieser Etappe wurde die Migration als Wesen der Geochemie erkannt und in den Mittelpunkt gestellt. Die praktische Aufgabenstellung war aber nur dadurch lösbar, daß die Geochemie auf höherer Ebene zum synthetischen Prinzip griff, indem sie den komplexen Charakter ihres Gegenstandes theoretisch reflektierte. Das geschah durch die Verbindung der geochemischen Theorie mit ihren Nachbardisziplinen (Geologie, physikalischer Chemie, Physik, Geophysik, Kristallographie, Mineralogie, Petrographie, Lagerstättenkunde, Biologie, Paläontologie). Damit wurde die Geochemie zu einer stark integrierenden Wissenschaft.

Mit der Periodisierung der Geochemie in vorbereitende Etappe, primär theoretische Periode und sowjetische Schule ist keine subjektive Wertung verbunden. Hier zeigt sich der objektive Entwicklungsprozeß vieler Wissenschaften als dialektischer Prozeß. Die nachfolgende Periode bedarf der vorherigen als Voraussetzung und übernimmt deren positive Werte. Man könnte sagen, daß die sowjetische Richtung als Negation der Negation der Vorbereitungsperiode zu betrachten ist. Verstand man in der Vorbereitungsperiode die Geochemie als pragmatisch orientierte Chemie für geologische und bergbauliche Zwecke ohne eigene Theorie, so trat in der Periode von CLARKE — GOLDSCHMIDT der theoretische Aspekt in den Vordergrund, indem die einseitig pragmatische Richtung negiert wurde und es zur Ausbildung einer eigenen Theorie kam.

Aufbauend auf diesen Theorien und erweitert um wesentliche Elemente der Nachbardisziplinen bildete sich der moderne Gegenstand „Geochemie" durch WERNADSKIJ und FERSMAN heraus, indem die Theorie zur unmittelbar praktischen, geologischen Arbeit eingesetzt, ja man kann sagen, vorwiegend dafür geschaffen wurde. Damit finden wir die positiven Elemente in der Entwicklung der Geochemie (theoretische Fundierung und praktische Anwendung) dialektisch aufgehoben und durch neue Momente (zentralen Gegenstand der Migration — Grenzdisziplin — geochemische Methodik) erweitert und höher entwickelt.

Zusammenfassend läßt sich sagen, daß die Geochemie durch die praktischen Bedürfnisse der Gesellschaft zur Wissenschaft ausgebildet wurde. Als sehr junge Wissenschaft (bezogen auf ihre Selbständigkeit und Konstituierung) treten die für unsere Zeit typischen gesellschaftlichen Aspekte in den Vordergrund. Sie ist vor allem deshalb eine junge Wissenschaft, weil ihre Ausbildung und Aufgabenstellung mit der Entwicklung der sozialistischen Gesellschaft in der Sowjetunion eng verbunden waren. Die Geochemie erhielt ihren Auftrag von der und für die sozialistische Gesellschaft. Zitieren wir dazu den Mitbegründer der Geochemie A. E. FERSMAN (1953, S. 334):

„Wir wollen uns also, zusammenfassend gesagt, das Atom ganz unterwerfen, es unserem Willen, dem Willen des schöpferischen Menschen unterwerfen, der all die drohenden und schädlichen Naturkräfte in nützliche umwandelt. Wir wollen die ganze Natur, die ganze MENDELEJEWsche Tabelle der Elemente den Werktätigen zu Füßen legen. Das ist der Sinn und die Aufgabe unserer geochemischen Arbeit, deshalb wollen wir das Atom verstehen und ausnützen."

Ausgehend von den sich erweiternden und veränderten Zielstellungen der Wissenschaften variiert die gesellschaftliche Zielstellung der Geochemie ebenfalls. Als Primat muß die Tatsache anerkannt werden, daß die Suche nach Lagerstätten als Hauptaufgabe der Geochemie zu betrachten ist. Dabei liefert die Geochemie ihren objektiv möglichen, partiellen Beitrag, der den geochemischen Anteil bei der Erkundung betrifft, da die Erkundung von Lagerstätten eine komplexe Aufgabe darstellt, die nur durch das Zusammenwirken mehrerer geologischer und anderer naturwissenschaftlicher Disziplinen zu lösen ist.

Als grundsätzliche Aufgaben in der Gegenwart müssen deshalb genannt werden:

a) die Ermittlung der Elementverteilung bestimmter geologischer Sphären, der gesamten Erde sowie letztlich des kosmischen Raumes (solange diese Aufgabe noch nicht von einer selbständigen Kosmochemie gelöst wird). Diese erste Aufgabe ist hauptsächlich ein Problem der Analytik und Statistik und entspricht im materialistischen Erkenntnisprozeß der lebendigen Anschauung als objektivem Ausgangspunkt aller weiteren Schritte;

b) die umfassende Erkenntnis der Gesetze, die die Migration und damit die Verteilung der Elemente bestimmen. Dieser Abschnitt muß als Stufe der Abstraktion im Erkenntnisprozeß bezeichnet werden;

c) aufbauend auf den Ergebnissen von a) und b) gilt es, die gesetzmäßigen Migrationskreisläufe und die damit verbundenen Verteilungen aller einzelnen chemischen Elemente zu ermitteln. Schließlich ist das die Idealzielstellung als Ausgangspunkt der geologischen Nutzung;

d) Hauptgegenstand ist die unmittelbare Anwendung von a);

e) zur Lösung konkreter Aufgaben in Form der angewandten Geochemie. Das sind jene Aufgaben, die die Volkswirtschaft stellt, um Fragen der Rohstoffgewinnung, der Landwirtschaft und des Bauwesens von der Geochemie zu lösen. In dieser Richtung wird die Geochemie zu einer typisch synthetisch vorgehenden Wissenschaft, da die Erkenntnisse vieler Einzeldisziplinen zur Lösung komplexer geochemischer Aufgaben zusammengefaßt werden müssen. Diese Aufgabenstellung bedarf jedoch der Theorien, jener durch den Differenzierungsprozeß entstandenen geochemischen Zweigdisziplinen, als Voraussetzung.

Zusammenfassung

Die Gegenstandsbestimmung der Geochemie ist die Voraussetzung dafür, daß man die Stellung der Geochemie im System der Naturwissenschaften bestimmen kann. Entsprechend der historischen Veränderlichkeit des Gegenstands der Geochemie ist auch ihre genaue

Stellung im System der Naturwissenschaften nur relativ stabil. Die Geochemie steht in enger Beziehung zum System der geologischen Wissenschaften und zu den chemischen Wissenschaften. Es ist möglich, sie in beiden Wissenschaften zu erfassen, da eine alternative Fragestellung in dieser Beziehung verworfen werden muß.

Das migrierende Atom ist eine Komponente sowohl des chemischen als auch des geologischen Vorgangs, nur unter verschiedenen Aspekten. Da die Geochemie ihre Aufgabenstellung ausschließlich aus der geologischen Problematik ableitet, ist ihre Einordnung in das System der geologischen Wissenschaften sinnvoll und notwendig. Außerdem müssen die für das geochemische Geschehen notwendigen Faktoren der Zeitabhängigkeit und der Komplexität unbedingt berücksichtigt werden. Diese Faktoren sind spezielle geologische Charakteristika; deshalb ist die Installierung der Geochemie in den geologischen Wissenschaften nicht nur aus pragmatischen, sondern auch aus logischen Gründen notwendig. Die Geochemie liefert ihren Beitrag zur Erklärung der geologischen Bewegungsform und der Möglichkeiten zu deren Nutzung. Sie ist deshalb ein Teil der Geologie in weiterem Sinne und damit eine geologische Wissenschaft bzw. eine Hilfswissenschaft der Geologie, der Erkundung und des Bergbaus.

Vergleicht man die Geochemie mit der Chemie und der Geologie in bezug auf die bestimmenden Wissenschaftsdeterminanten, Objektbereich, Gesetze und Methoden, so ergibt sich eine Beziehung, wie sie in der Tabelle dargestellt ist.

Tabelle

	Objektbereich	Gesetze	Methoden
Chemie	physikochemische Bewegungsform	vorwiegend statistische Gesetze	chemische, physikalische, biologische und kernphysikalische Methoden
Geologie	komplexe, geologische Bewegungsform	historische und statistische Gesetze	naturwissenschaftliche und spezielle geologische Methoden
Geochemie	migrierendes Atom im Bereich aller Bewegungsformen	historische und statistische Gesetze	noch keine eigenen Methoden, jedoch in der Entwicklung

Was die Gesetze betrifft, so finden sich in allen Disziplinen vorherrschend statistische Gesetzmäßigkeiten. Für die geologischen und geochemischen Gesetze sind im Unterschied zu den chemischen Gesetzen historische Momente nachweisbar. Außerdem erfassen diese Gesetze komplexere Erscheinungen als die der Chemie.

Bei den Methoden ist zu beachten, daß alle genannten Disziplinen Methoden verschiedener Wissenschaften benutzen. Während jedoch die Chemie in ihrer Methodik chemische Methoden besitzt, gibt es noch keine ausgereiften spezifischen geochemischen Methoden. Die für den geochemischen Gebrauch modifizierten naturwissenschaftlichen Methoden zeigen jedoch die Entwicklung zu typisch geochemischen Methoden an. Es wäre sinnvoll, hierüber einmal gesonderte Untersuchungen durchzuführen.

Als Objektbereich der Chemie wie der Geochemie gelten Bewegungserscheinungen des Atoms. Während jedoch nur die physikochemische Bewegungsform der Atome den Objektbereich der Chemie bildet, werden alle anderen Bewegungsformen unter dem Aspekt des atomaren Querschnitts zum Objektbereich der Geochemie geschen. In dieser Sicht ist die Chemie nur ein Element der Geochemie. Im Objektbereich „Bewegung der Atome“ liegen jedoch die wesentlichsten Beziehungen zwischen Chemie und Geochemie. Im Gegensatz zur Chemie und Geochemie ist der Objektbereich der Geologie nur untergeordnet an das Atom gebunden. Objektbereich ist hier die komplexe geologische Bewegungsform. Das Atom stellt dabei nur eine Zelle dar, auf die das Geologische nicht reduzierbar ist. Im Objektbereich sind die Chemie und Geochemie verwandter als die Geochemie und die Geologie.

Damit kann man zusammenfassend sagen, daß die Geochemie durch ihre Gemeinsamkeiten in der Zielstellung, den Gesetzen und den Methoden mit der Geologie zum System der geologischen Wissenschaften gerechnet werden muß, ohne damit ihre engen Beziehungen zur Chemie vernachlässigen zu können.

Man kann die Kosmochemie als „die Wissenschaft von der historischen Daseinsweise der Atome im Weltall“ bezeichnen. Geht man von diesem Bezugspunkt aus, dann ist die Geochemie eine ihrer Zweigdisziplinen, „die Wissenschaft von der historischen Daseinsweise der Atome in der Erde“. Bestimmendes Merkmal der Materie wie auch ihrer Erscheinungsformen (z. B. die atomare Materie) ist die Bewegung. Damit ist die Geochemie „die Wissenschaft von der allgemeinen Bewegung der Atome in der Erde“. Das schließt jedoch alle Bewegungsformen ein, in deren System atomstrukturierte Materie vorhanden ist. Die chemische Bewegungsform ist nur eine spezifische Form in der Reihe der Bewegungsformen. Zum Objektbereich der Chemie gehören gewissermaßen die chemischen Prozesse unter „Normalbedingungen“, d. h. in bestimmtem Rahmen idealisiert.

Die partiellen chemischen Abschnitte im geochemischen Zyklus sind jedoch chemische Vorgänge unter ganz speziellen (geologischen) Bedingungen. Sie wären als „spezielle geologische Chemie“ zu bezeichnen.

Als Resümee gilt, daß die Geochemie keinem Wissenschaftssystem ausschließlich zugeordnet werden kann. Vom Standpunkt einer allgemeinen Klassifikation nach den Bewegungsformen (philosophischen Prinzip) ist sie eine partielle Disziplin zur Untersuchung komplexer Bewegungsformen (geologischer Bewegungsformen) und damit eine geologische Disziplin. Vom Bezugspunkt der geologischen Wissenschaften aus betrachtet, muß sie als Hilfswissenschaft zur mineralogischen Erkundung und Nutzung bezeichnet werden, wobei der Ausdruck „Hilfswissenschaft“ in diesem Sinne keine Wertung bedeutet. Entsprechend der Zielstellung, der Methoden, Gesetze und des geologischen Objektbereichs erhält sie in den geologischen Wissenschaften ihre wesentlichste und sinnvollste Stellung. Faßt man die Chemie in weiterem Sinne, dann ist die Geochemie vom Objektbereich (Erscheinungen der Atome) her auch dem System der chemischen Wissenschaften zuzuordnen.

Zunächst läßt sich die Geochemie jenen Kategorien zuordnen, die den Einfluß chemischer Vorgänge auf andere komplexe Erscheinungen untersuchen. Sie steht dann in einer Reihe mit der Biochemie, Teilen der physikalischen Chemie und der Kosmochemie. Gleichzeitig ist die Geochemie eine angewandte chemische Disziplin als Mittel anderer (geologischer) Wissenschaften. Sie besitzt dann eine ähnliche Stellung im System der Wissenschaften wie beispielsweise die Agrochemie oder die Gerbereichemie. Geht man von dem umfassenden Gegenstand der Chemie aus (Lehre der gesellschaftlichen Nutzung der Atome), dann läßt sie sich als erste Stufe in diesem umfassenden Zyklus (die ökonomische Suche als Vorstufe der Gewinnung) einreihen. Viele Versuche, die Geochemie in das System der chemischen Wissenschaften einzureihen, gehen jedoch davon aus, die chemischen Vorgänge im geologischen Bereich als Objektbereich der Geochemie zu fixieren. Dies trifft jedoch das Wesen der heutigen Geochemie nur teilweise. Die Migration durch alle Bewegungsformen ist ihr eigentlicher Objektbereich. Hier dürfte man die Geochemie mit jener Disziplin identifizieren, die in dieser Arbeit als „mineralogisch-chemische Geologie" definiert wurde bzw. als Geochemie in weitestem Sinne. Von Professor Dr. H. J. RÖSLER wird die Geochemie in weitestem Sinne (mineralogisch-chemische Geologie) als Sammelbegriff jener Wissenschaftler bezeichnet, deren Objektbereich „die chemisch betonten substantiellen Erscheinungen der natürlichen Materie" darstellen. Diese Geochemie umfaßt dann die Geochemie in engerem Sinne (eigentliche Geochemie), die Mineralogie, Petrologie und Lagerstättenlehre.

Im Unterschied dazu kann man dann auch von einer Geochemie in weiterem Sinne sprechen, die der Geochemie in engerem Sinne, der Mineralchemie, Petrochemie und Lagerstättenchemie, entspricht, die also neben der Geochemie in engerem Sinne nur die chemischen Disziplinen der Mineralogie, Petrologie und Lagerstättenlehre einschließt.

Erlaubt man sich abschließend ein Urteil bezüglich der Zuordnung der Geochemie zum System der chemischen und geologischen Wissenschaften, so ist die Stellung der Geochemie in engerem Sinne im System der geologischen Wissenschaften voll gerechtfertigt; das gleiche gilt für die Geochemie in weitestem Sinne (mineralogisch-chemische Geologie). Auch ist die Einordnung der Geochemie in weiterem Sinne in das System der geologischen Wissenschaften sicherlich sinnvoll, doch könnte man diese Disziplin auch im erweiterten System der chemischen Wissenschaften erfassen.

Literatur

CLARKE, F. W.: Data of geochemistry. — 1908.

FERSMAN, A. E.: Verständliche Mineralogie. — Verlag Neues Leben, Berlin 1949.

— Unterhaltsame Geochemie. — Verlag Neues Leben, Berlin 1953.

LANGE, H.: Gegenstandsbestimmung der Geochemie. — Freiberger Forsch.-H., D 51, Verlag für Grundstoffindustrie, Leipzig 1965.

RÖSLER, H. J., & H. LANGE: Geochemische Tabellen. — Verlag für Grundstoffindustrie, Leipzig 1965.

SAUKOW, S.: Geochemie. — VEB Verlag Technik, Berlin 1953.

TRUSOW, I. P.: Gegenstand und Methode der Geochemie (russische Übersetzung von GOLDSCHMIDT: Probleme und Methoden der Geochemie); im Sammelband: Grundideen der Geochemie. — Geoschimtechisdat, Moskau 1933.

— Gegenstand und Methode der Geochemie und einige Fragen des Zusammenwirkens der Wissenschaften in der heutigen Etappe der Entwicklung der Wissenschaft. — Übersetzt aus: Das Zusammenwirken der Wissenschaften bei der Erforschung der Erde. — Isdwo. Nauka, Moskau 1964.

Zur digitalen Bearbeitung seismischer Daten (Digitalseismik)

STEFFEN GRÄSSL, ECKART HURTIG & FRANZ JACOBS, Leipzig

Einführung

In den letzten Jahren hat sich international immer stärker die digitale Aufnahme und Bearbeitung seismischer Daten (Digitalseismik) durchgesetzt. Es sollen daher hier in einem Überblick für einen breiteren, vorwiegend geologischen Leserkreis an Hand der vorliegenden Literatur einige theoretische Grundlagen und Prinzipien des Bearbeitungsprozesses der Digitalseismik sowie Möglichkeiten der Verbesserung der geophysikalisch-geologischen Aussagen durch die Digitalseismik dargestellt werden.

Die Digitalseismik ist keine neue seismische Methode, sondern eine spezifische Verarbeitungstechnik. Es handelt sich um die Übertragung und Weiterentwicklung von Verfahren der Signalbearbeitung in der modernen Nachrichtentechnik (z. B. bei Radar und Sonar) auf die Analyse seismischer Schwingungen.

Das Hauptproblem bei der Bearbeitung seismischer Messungen liegt im Erkennen und Verfolgen von Reflexionen, die Informationen über den geologischen Aufbau des Untergrundes liefern. Da die seismischen Nutzsignale im Seismogramm immer von Störsignalen (Rauschen und unerwünschten Signalen) überlagert werden, besteht für die Bearbeitung des seismischen Materials die wesentliche Aufgabe darin, durch geeignete Verfahren die Nutzsignale aus dem Seismogramm herauszupräparieren.

Zu den Störsignalen gehören:

alle Signale, die von der seismischen Quelle (Schuß) erzeugt werden, jedoch einen anderen als den gewünschten Signalweg genommen haben (Multiple, Oberflächenwellen, Geisterreflexionen (Ghosts), Reverberationen, Diffraktionswellen u. a.);

Eingang des Manuskripts in der Redaktion: 21. 1. 1970.

alle Komponenten, die von seismischen Störquellen herrühren (z. B. seismische Bodenunruhe);
Verzerrungen, die während des Empfangs-, Aufzeichnungs- und Bearbeitungsprozesses auftreten.

Im Laufe der Entwicklung der Reflexionsseismik waren die Seismogramme zunächst einmalige Aufzeichnungen, die nachträglich nicht weiter bearbeitet wurden. Die Qualität der erhaltenen Seismogramme ließ sich allein während der Feldarbeiten durch Variation der Aufnahmebedingungen beeinflussen, z. B. durch Geophon- und Schußgruppierungen, Mischung, Frequenzfilterung.

Einen wesentlichen Fortschritt stellte die Magnetbandtechnik dar, die im Laufe der 50er Jahre Einzug in die Rx-Seismik hielt. Die Möglichkeit, die Magnetbandaufzeichnungen jederzeit abspielen zu können, gestattete, diejenigen Filterprozesse, die zur Unterdrükkung von Störwellen bei der Direktaufzeichnung für jedes Seismogramm nur einmalig angewendet werden konnten, mit variablen Parametern zeitlich nacheinander durchzuführen, um dadurch die Aufzeichnung mit dem größten Nutz-:Störsignal-(N:S-)Verhältnis herauszufinden. Allerdings sind den Variationsmöglichkeiten bei der Durchführung der Filteroperationen, bedingt durch den elektronischen Aufwand bei der Analogtechnik, bestimmte Grenzen gesetzt. So ließen sich im allgemeinen nur Frequenzfilter mit fest vorgegebener Form der Charakteristik bei allerdings variablen Grenzfrequenzen und Flankensteilheiten realisieren. Die damit erreichbare Verbesserung des N:S-Verhältnisses konnte nur in den Fällen befriedigen, in denen sich die Hauptfrequenzen der Störsignale außerhalb des Nutzfrequenzbandes befinden. Wenn sich jedoch, wie es meist der Fall ist, Stör- und Nutzsignale hinsichtlich ihres Amplitudenspektrums überlappen, lassen sich mit dieser Technik Störsignale nicht eliminieren. Die digitale Verarbeitungstechnik liefert gerade in diesem Falle gute Ergebnisse.

Voraussetzung für die gesamte digitale Bearbeitung ist eine völlig neue Betrachtungsweise des Seismogramms, die im wesentlichen auf statistischen Gesichtspunkten beruht. Die Grundgesetze der Fortpflanzung seismischer Wellen durch die Erde behalten dabei voll ihre Gültigkeit; es kann nur das durch geeignete Bearbeitungsverfahren aus dem Seismogramm „herauspräpariert" werden, was vorher in ihm — allerdings verdeckt oder verzerrt — vorhanden war. Aus diesem Grunde dürfen besonders von geologischer Seite keine übersteigerten Erwartungen an die Digitalseismik geknüpft werden, obwohl die Möglichkeiten, die eine digitale Bearbeitung bieten kann, sehr vielfältig und bisher bei weitem noch nicht ausgeschöpft sind.

Theoretische Grundlagen der digitalen Bearbeitung

Rx-Seismik als Übertragungssystem

Der gesamte seismische Prozeß wurde bisher als streng deterministisches Problem behandelt, wobei vom geologischen Untergrund ein stark vereinfachtes mathematisches Modell angefertigt wurde. Unter Zugrundelegung der Wellengleichung läßt sich dann bei Vorgabe bestimmter Rand- und Anfangsbedingungen das Wellenfeld zu jedem beliebigen Zeitpunkt berechnen. Eine mathematisch exakte Analyse dieser Probleme ist jedoch wegen der außerordentlichen Kompliziertheit nur bedingt in Einzelfällen möglich, man ist immer auf Teillösungen bzw. mehr oder weniger gute Näherungen angewiesen.

Eine vollkommen neue Betrachtungsweise wurde — ausgehend von der modernen Entwicklung in der Nachrichtentheorie — in den 50er Jahren in die Seismik eingeführt. Dabei betrachtet man den Prozeß der seismischen Datengewinnung als ein Übertragungs- oder Kommunikationssystem mit einer Informationsquelle, einem Übertragungskanal und einem Empfänger. Von der Informationsquelle (Schuß) wird ein scharfes, impulsförmiges Signal mit breitem Frequenzspektrum ausgesendet. Dieses Signal durchläuft den Untergrund und wird in stark veränderter Form als Antwort des Untergrundes auf die impulsförmige Anregungsfunktion empfangsseitig aufgenommen. An verschiedenen Stellen des Übertragungskanals gelangen kohärente und nichtkohärente Störsignale in das System und überlagern sich dem Nutzsignal. Der Geophysiker kennt jedoch nicht die wahre Form des im Rauschen verdeckten Signals, so daß die Herauslösung des Nutzsignals mit besonderen Schwierigkeiten verknüpft ist.

Statistische Definition des Seismogramms

Die komplizierte Natur eines Reflexionsseismogramms läßt es nicht zu, daß man die Gesamtreaktion des Untergrundes auf einen Anregungsimpuls studiert. Es können nur bestimmte Komponenten, z. B. die einfach reflektierten Wellen, untersucht werden. Nach RICKER kann man ein Seismogramm als eine Überlagerung von Impulsantwortfunktionen, den sogenannten seismischen Wavelets, betrachten, die die Antwort des Untergrundes auf einen scharfen Impuls für einen bestimmten Laufweg darstellen.

Die Analyse eines Seismogramms besteht dann in der Zerlegung des gesamten Wellenbildes in einzelne Wavelets und in der Bestimmung der Einsatzzeiten und Intensitäten der zu echten Reflexionen gehörenden Wavelets. Die Ankunftszeiten und Intensitäten der Wavelets spiegeln die vertikale Verteilung und die Größe der Reflexionskoeffizienten wider. In erster Näherung besitzen die einzelnen Wavelets die gleiche Form.

Entscheidend ist, daß die Reflexionskoeffizienten eine zufällige, diskrete Verteilung besitzen; zufällig dabei in dem Sinne, daß man aus der Einsatzzeit und der Intensität eines Reflexionswavelets nicht auf Ankunftszeit und Stärke des nächsten schließen kann, obwohl dieses natürlich durch die geologische Struktur des Untergrundes eindeutig festgelegt ist. Da jedoch die Kenntnisse über den komplizierten geologischen Aufbau in allen seinen Einzelheiten stets unzureichend sein werden, ist damit die Berechtigung für eine statistische Betrachtungsweise gegeben.

Die zufällige Folge der Reflexionskoeffizienten, die über die Geschwindigkeit in eine zeitliche Darstellung gebracht werden kann, bezeichnet man als Impulsseismogramm.

Diese neue Betrachtungsweise des Seismogramms brachte gerade im Zusammenhang mit der digitalen Bearbeitungsmethodik wesentlich neue Impulse für die Rx-Seismik.

Analog-Digital-Wandlung

Für die Bearbeitung des seismischen Materials auf einem Rechenautomaten müssen die Ausgangsdaten in digitaler Form vorliegen. Die Digitalisierung des analogen Signals erfordert im wesentlichen zwei Schritte:

Unterteilung der horizontalen Zeitachse in äquidistante Abschnitte; dabei ist es zweckmäßig, den Zeitabstand zwischen benachbarten diskreten Punkten als Zeiteinheit zu wählen, so daß die diskrete Variable t nur noch ganze Werte annimmt;

Quantisierung des analogen Signals an diesen diskreten Zeitpunkten, wobei also jedem Zeitwert ein bestimmter Zahlenwert zugeordnet wird, der der Amplitude des Signals an dieser Stelle entspricht. Die Zahlenwerte bilden zusammen mit den ihnen zugeordneten Zeitwerten das diskrete Signal (Zeitreihe). Folgende Schreibweise ist gebräuchlich (s. Abb. 1):

$$x_t = (\ldots x_0, x_1, x_2, \ldots) = (\ldots + 2, + 3, + 2, \ldots)$$

Durch die Wahl des Digitalisierungsintervalles T muß jedoch gesichert werden, daß durch diesen Quantisierungsprozeß keinerlei Information verlorengeht. Der folgende Satz — in der Literatur als Sampling- oder Abtasttheorem bekannt — gibt darüber Auskunft, wie das Abtastintervall in Abhängigkeit von der zu untersuchenden Funktion gewählt werden muß, damit die Rekonstruktion des analogen Signals jederzeit eindeutig möglich ist:

„*Eine Zeitfunktion $x(t)$, die keinerlei Frequenzen oberhalb einer gewissen Grenzfrequenz f_{max} (NYQUIST-Frequenz) enthält, ist eindeutig durch ihre Amplitudenwerte im Abstand $T = 1/2\ f_{max}$ bestimmt.*"

Es geht also keinerlei Information während des Abtastprozesses verloren, wenn das Spektrum eines bandbegrenzten Signals vollständig in dem Intervall von 0 bis f_{max} liegt. Ist dies nicht der Fall, so werden hohe Frequenzen des analogen Signals durch die Digitalisierung auf tiefe Frequenzen des diskreten Signals abgebildet. Man sagt, daß eine über f_{max} liegende Frequenz auf eine Alias-Frequenz zurückgefaltet wird. Der Vorgang selbst wird im englischen Sprachgebrauch als „aliasing" bezeichnet (s. Abb. 2). Zur Vermeidung solcher Aliasing-Effekte schaltet man vor die Analog-Digital-Wandlung einen sogenannten Alias-Filter. Dieser Filter ist ein phasenverzerrungsfreier idealer Tiefpaßfilter, der alle Frequenzen über einer bestimmten Grenzfrequenz, die

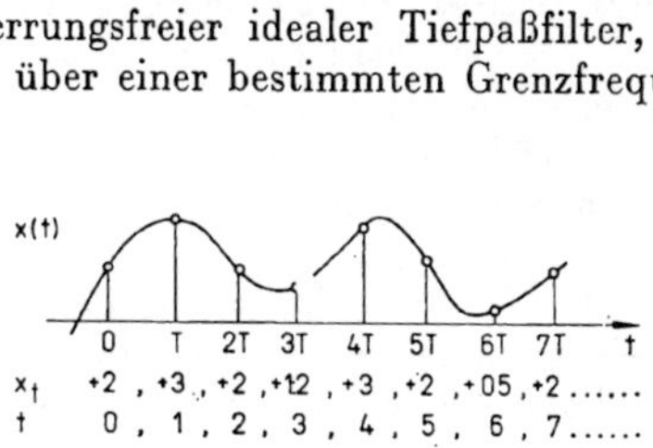

Abb. 1. Darstellung des Digitalisierungsprozesses

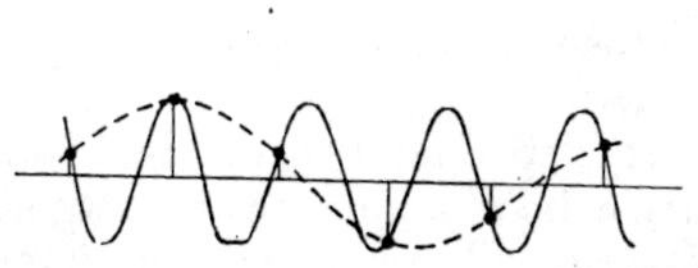

Abb. 2. Signalverfälschung durch zu großes Abtastintervall

dann als NYQUIST-Frequenz zur Festlegung des Abtastintervalls dient, sperrt. Das gefilterte Signal enthält dann zwar eine geringere Information, es treten jedoch keine Informationsverfälschungen ein.

Filterverfahren

Man kann allgemein jede Veränderung einer Zeitfunktion $x(t)$ auf die Wirkung eines äquivalenten Filters mit entsprechender Filtercharakteristik zurückführen. Dabei kann man unter dem Begriff Filter entweder eine elektronische Apparatur (analogen Filter) oder einen mathematischen Algorithmus (digitalen Filter) verstehen. So läßt sich z. B. jede Veränderung des vom Schuß ausgehenden seismischen Impulses innerhalb des seismischen Übertragungssystems infolge von Absorptionsverlusten, Reflexions- und Refraktionsprozessen und apparativen Beeinflussungen auf die Wirkung eines äquivalenten Filters zurückführen.

Zur Charakterisierung eines Filters muß man möglichst eine solche Form wählen, die gestattet, zu jeder beliebigen Eingangsfunktion sofort die zugehörige Ausgangsfunktion zu berechnen. Es bestehen dafür zwei Möglichkeiten:

a) Frequenzbereichsfilterung

Mit Hilfe der mathematischen Operation der FOURIER-Transformation

$$X(\omega) = \int_{-\infty}^{\infty} x(t)\, e^{-j\omega t}\, dt$$

kann man, falls die Zeitfunktion $x(t)$ bestimmten Bedingungen genügt, jeder Funktion eine komplexe Frequenzfunktion

$$X(\omega) = |X(\omega)|\, e^{j\varphi(\omega)}$$

zuordnen. Die mathematische Operation einer FOURIER-Transformation entspricht einer Aufspaltung der beliebigen Funktion $x(t)$ in eine Gruppe monofrequenter harmonischer Funktionen unterschiedlicher Amplitude und Phasenlage.

$|X(\omega)|$ ist das Amplitudenspektrum und $\varphi(\omega)$ das Phasenspektrum von $x(t)$. Sie bestimmen im Frequenzbereich die Zeitfunktion eindeutig. Man kann durch eine inverse FOURIER-Transformation sofort aus den Spektren den zeitlichen Verlauf wiederherstellen. Da man also eine derartige Aufspaltung in gleichartige „Grundfunktionen" für jede beliebige Zeitfunktion angeben kann, läßt sich ein Filter dadurch beschreiben, in welchem Maße jede einzelne harmonische Komponente verstärkt bzw. geschwächt wird und um welchen Betrag die entsprechenden Phasen verschoben werden.

$$F(\omega) = \frac{Y(\omega)}{X(\omega)} = \frac{|Y(\omega)|}{|X(\omega)|} e^{j(\varphi_y(\omega) - \varphi_x(\omega))}$$

$F(\omega)$ ist die Übertragungsfunktion des Filters.

Der Vorgang der Filterung reduziert sich also im Frequenzbereich auf eine einfache Multiplikation (s. Abb. 3). Allerdings muß der rechentechnisch sehr auf-

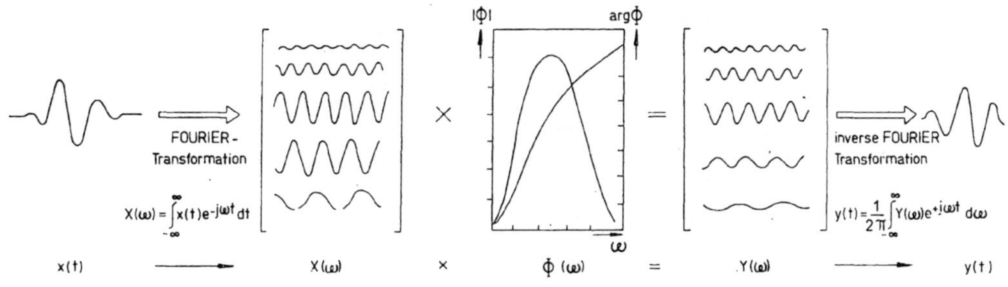

Abb. 3. Schematische Darstellung der Frequenzbereichsfilterung

wendige Übergang aus dem Zeitbereich in den Frequenzbereich und wieder in den Zeitbereich zurück durchgeführt werden. Obwohl in der letzten Zeit sehr schnelle Algorithmen für diese Transformation entwickelt wurden, führt man heute die Filterprozesse meist im Zeitbereich durch.

b) Zeitbereichsfilterung

Durch den Digitalisierungsprozeß wird das analoge Signal in eine von der kontinuierlichen Zeitfunktion modulierte Folge von Impulsen umgewandelt. Wenn bekannt ist, wie der Filter auf einen Einheitsimpuls reagiert (s. Abb. 4), kann man aus dieser Impulsant-

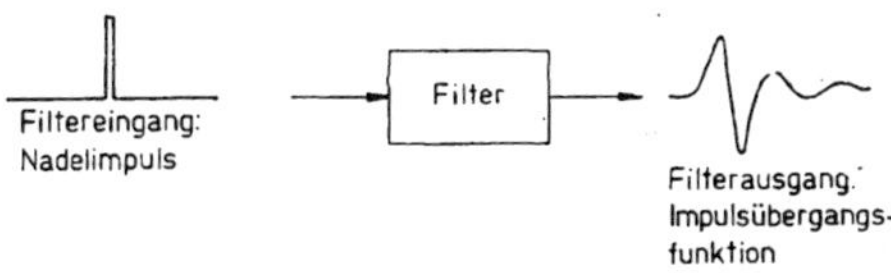

Abb. 4. Definition der Impulsübergangsfunktion

wortfunktion wegen der Linearität der hier zur Diskussion stehenden Filter durch eine gewichtete Addition der Eingangswerte die Ausgangswerte berechnen (s. Abb. 5). Diese Impulsantwortfunktion, die in digitaler Form als Folge von Koeffizienten vorliegt, heißt Filteroperator, die mathematische Operation Faltung (im Englischen convolution).

$$y(t) = f(t) * x(t) = \int_{-\infty}^{\infty} f(\tau) x(t-\tau)\, d\tau \qquad \text{(analoge Form)}$$

$$y_t = f_t * x_t = \sum_{-\infty}^{\infty} f_\tau x_{t-\tau} \qquad \text{(digitale Form)}$$

In diesem Sinne können Autokorrelations- und Kreuzkorrelationsfunktion (AKF und KKF) als Ergebnis eines speziellen Filterprozesses verstanden werden:

$$\text{AKF:}\ \varphi_{xx}(\tau) = \frac{1}{2T} \int_{-T}^{+T} x(t) x(t+\tau)\, dt$$

$$\varphi_{xx}(k) = \frac{1}{n} \sum_{i=0}^{n} x_i x_{i+k}$$

$$\text{KKF:}\ \psi_{xy}(\tau) = \frac{1}{2T} \int_{-T}^{+T} x(t) y(t+\tau)\, dt$$

$$\psi_{xy}(k) = \frac{1}{n} \sum_{i=0}^{n} x_i y_{i+k}$$

Die AKF gibt Periodizitäten eines zeitlichen Schwankungsvorgangs $x(t)$ unter Verlust der Phasenbeziehungen wieder.

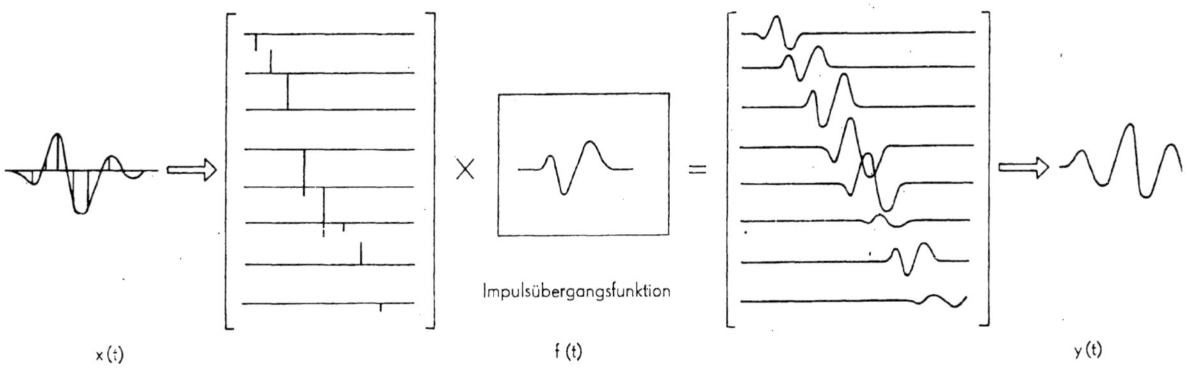

Abb. 5. Schematische Darstellung der Zeitbereichsfilterung

Durch die KKF zweier verschiedener Zeitfunktionen $x(t)$ und $y(t)$ lassen sich gemeinsame Periodizitäten als Funktion der Zeitverschiebung τ erkennen.

Da die auftretenden Filteroperationen im allgemeinen eine große Länge besitzen und der Filterprozeß damit unter Umständen sehr zeitaufwendig werden kann, benutzt man bei bestimmten Filterprozessen eine spezielle Modifikation der Faltungsfilterung, die rekursive Filterung. Bei dieser Art der Filterung wird das Eingangssignal primär mit einem einfachen, kurzen Operator gefaltet und dadurch ein erstes gefiltertes Signal erzeugt. Dieses Signal wird verzögert und nach Filterung mit einem weiteren, ebenfalls sehr kurzen Operator auf den Filtereingang zurückgeführt (vgl. Abb. 6).

Da es im Prinzip möglich ist, jeden Filterprozeß sowohl in rekursiver als auch in nichtrekursiver Form durchzuführen, muß in jedem speziellen Fall entschieden werden, welche Methode vorteilhafter ist. Die rekursive Methode besitzt neben dem Vorteil einer kürzeren Rechenzeit den Nachteil, daß die Phaseneigenschaften derartiger Filter nur schlecht beherrscht werden können.

In Abb. 6 wird schematisch die Wirkungsweise der Filterberechnungen am Beispiel des Filters

$$F(\omega) = \frac{1}{1 - 0{,}9\, e^{j\omega}} = 1 + 0{,}9\, e^{j\omega} + (0{,}9\, e^{j\omega})^2 + \cdots$$

demonstriert.

Es sei noch darauf hingewiesen, daß Übertragungsfunktion und Impulsübergangsfunktion durch eine FOURIER-Transformation miteinander verknüpft sind.

Grundtypen von Filtern

Hinsichtlich der Wirkungsweise von Filteroperatoren kann man zwei große Kategorien unterscheiden, zwischen denen allerdings alle Übergänge möglich sind:

Filter, die nur auf das Amplitudenspektrum wirken, das Phasenspektrum jedoch unverändert lassen (Nullphasenfilter). Zu diesem Typ gehören die sehr wichtigen Frequenzfilter.

Filter, die nur auf das Phasenspektrum wirken, deren Amplitudencharakeristik aber Eins ist (dispersive Filter). Derartige Filter werden benutzt, um ein minimalphasiges Signal herzustellen, das dadurch charakterisiert ist, daß seine

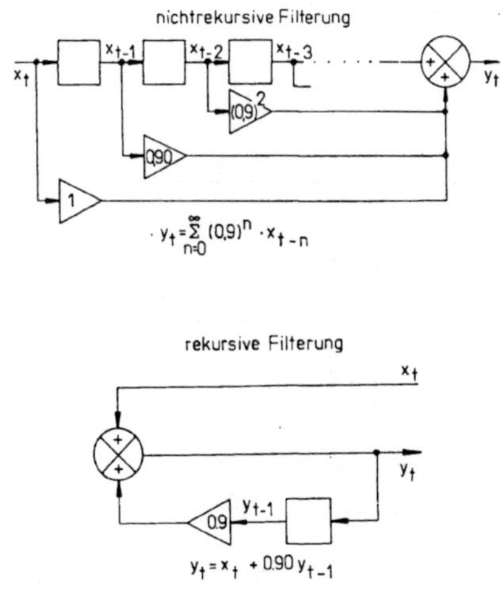

Abb. 6. Rekursive und nichtrekursive Faltungsfilterung

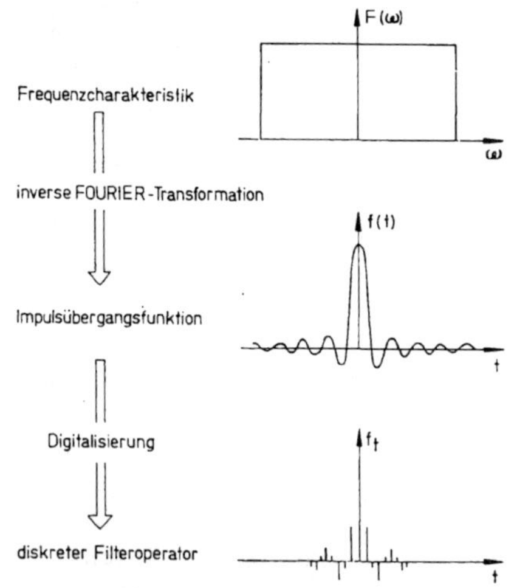

Abb. 7. Entwurf eines digitalen Frequenzfilters

Energie am Anfang konzentriert ist. Die Dekonvolution, die später erläutert wird, setzt bei einigen Verfahren die Minimalphasigkeit voraus.

Frequenzfilter

Mit Hilfe der Frequenzfilter lassen sich auf dem Seismogramm bestimmte Frequenzen bzw. Frequenzbereiche eliminieren. Dabei ist es wichtig, daß das zu filternde Signal nicht in seiner Form verzerrt wird, d. h., daß die Phasencharakteristik des Operators Null wird. Da eine symmetrische Zeitfunktion eine rein reelle FOURIER-Transformierte besitzt, läßt sich dieses Ziel immer dadurch erreichen, daß man den Filteroperator symmetrisch zum Zeitursprung anlegt.

Die beim Aufbau eines digitalen Frequenzfilters notwendigen Berechnungen sind schematisch in Abb. 7 dargestellt.

Bei der beschriebenen Methodik zur Bestimmung des Filteroperators mußte die gewünschte Frequenzcharakteristik vorgegeben werden. Bei Frequenzfiltern ließ sich diese noch relativ einfach angeben: konstante Amplitudenwerte im Paßband, Null im Sperrband. Derartige Filter, die sich auch analog gut realisieren lassen, eignen sich vor allem dann für die Seismogrammbearbeitung, wenn sich die Hauptfrequenzen der Reflexionen deutlich von denen der Störwellen unterscheiden. Überlagern sich jedoch beide Frequenzspektren, dann versagen Frequenzfilter. In diesem Falle wurde dem Seismiker durch die moderne Nachrichtentheorie ein spezielles Mittel — die Theorie optimaler Filter — in die Hand gegeben, um Seismogramme mit möglichst hohem N:S-Verhältnis zu erhalten.

Optimalfilter

Optimalfilter bilden eine breite Klasse von Filtern, die auf der Grundlage der speziellen Signal- und Störwellencharakteristika aufgebaut werden. An den Entwurf derartiger Filter geht man mit folgender Fragestellung heran: Wie müssen die Koeffizienten eines Filteroperators gewählt werden, damit ein gegebenes Eingangssignal x_t in ein gefiltertes Ausgangssignal y_t umgewandelt wird, das von einem gewünschten Ausgangssignal z_t möglichst wenig abweicht? (Vgl. Abb. 8.)

Bei der Gruppe der WIENER-Filter wird als Kriterium der mittlere quadratische Fehler benutzt, den man zu einem Minimum macht.

Durch Nullsetzen der einzelnen partiellen Ableitungen nach den unbekannten Filterkoeffizienten erhält man folgendes Gleichungssystem (WIENER-HOPF-Gleichung):

$$\begin{pmatrix} \varphi_{xx}(0) & \varphi_{xx}(1) & \cdots & \varphi_{xx}(N) \\ \vdots & & & \vdots \\ \varphi_{xx}(N) & \varphi_{xx}(N-1) & \cdots & \varphi_{xx}(0) \end{pmatrix} \cdot \begin{pmatrix} f_0 \\ \vdots \\ f_N \end{pmatrix} = \begin{pmatrix} \psi_{zx}(0) \\ \vdots \\ \psi_{zx}(N) \end{pmatrix}$$

$\varphi_{xx}(i)$ — AKF des bekannten Eingangssignals bei einem Verschiebungsbetrag i,

$\psi_{zx}(i)$ — KKF zwischen dem Eingangssignal und dem gewünschten Ausgangssignal,

f_i — unbekannte Filterkoeffizienten.

Wird also der berechnete Filteroperator auf ein Eingangssignal angewendet, dann entspricht das tatsächliche Ausgangssignal einer im Sinne der kleinsten Quadrate optimalen Annäherung an das geforderte Signal. Optimalfilter lassen sich in Abhängigkeit von den speziellen Signal- und Störwelleneigenschaften gesondert für jede Spur, wenn notwendig sogar für einzelne Abschnitte der Spur, getrennt berechnen.

Eine wesentliche Anwendung dieser Methode besteht in der Ermittlung der Operatoren für die inverse Filterung (Dekonvolution).

Dekonvolution

Der Grundgedanke, der zur Dekonvolution führte, ging davon aus, daß die mitunter beträchtliche zeitliche Ausdehnung der Reflexionssignale dem Auflösungsvermögen und der Genauigkeit der seismischen Methode bestimmte Grenzen setzt. Wenn es gelingt, die Breite des Reflexionswavelets zu verringern, im Idealfall es auf einen Nadelimpuls zu komprimieren, dann wird das Auflösungsvermögen bedeutend erhöht. Faßt man das seismische Problem — wie bereits ausgeführt wurde — als Übertragungssystem auf, in dem das registrierte Signal die Antwort des Untergrundes auf einen scharfen Anregungsimpuls darstellt, dann entspricht die Komprimierung der Reflexionswelle auf einen Nadelimpuls genau dem inversen Filterprozeß.

Anschaulich vorstellbar ist die inverse Filterung im Frequenzbereich: Einem Einheitsimpuls im Zeitbereich entspricht ein konstantes Amplitudenspektrum im Frequenzbereich. Formt man ein Signal zu einem Nadelimpuls um, so muß im Frequenzbereich das mehr oder weniger schmalbandige Signalspektrum im Bereich tiefer und vor allem im Bereich hoher Frequenzen angehoben werden, damit ein frequenzunabhängiges Spektrum resultiert (vgl. Abb. 9).

Es ist klar, daß dabei an die Aufzeichnungstreue der seismischen Apparatur vor allem für hohe Frequenzen besondere Anforderungen gestellt werden müssen, denen man im allgemeinen nur mit digital registrierenden Apparaturen gerecht werden kann.

Die Dekonvolution auf einen Nadelimpuls stellt einen Idealfall dar. Meist gibt man sich schon mit einem gefilterten Ausgangssignal zufrieden, das eine wesentlich kürzere zeitliche Ausdehnung besitzt als das ursprüngliche Reflexionssignal.

Unter der Bedingung, daß die Form des zu filternden Signals genau bekannt ist, läßt sich der inverse Operator mit Hilfe der WIENERschen Filtertheorie berechnen. Die Betrachtung eines Seismogramms zeigt jedoch, daß wegen der außerordentlich starken Interferenz die Bestimmung der exakten Form des Reflexionswavelets nicht möglich ist.

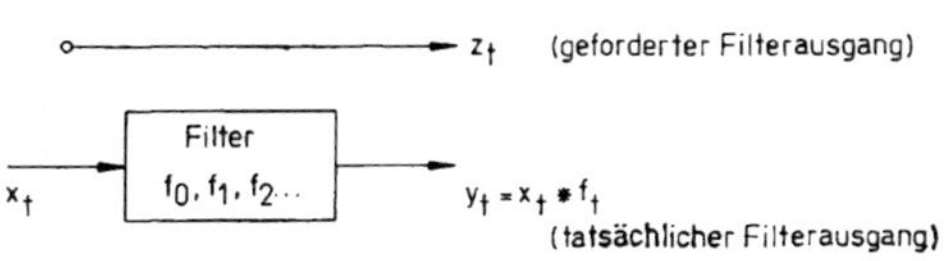

Abb. 8. Prinzip der Optimalfilterung

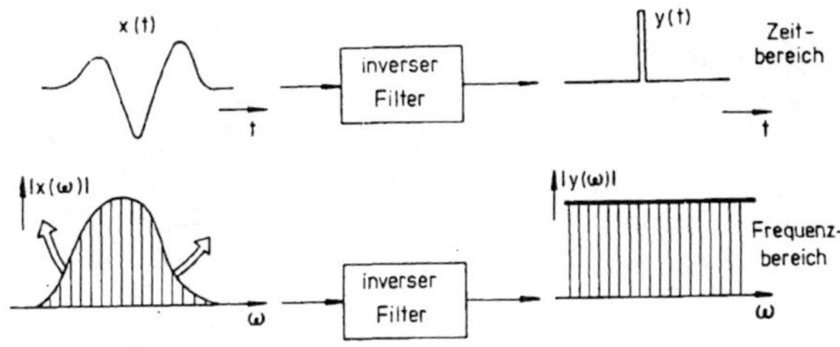

Abb. 9. Prinzip der inversen Filterung

Betrachtet man im Sinne der statistischen Definition des Seismogramms eine Seismogrammspur als Überlagerung einer statistischen Komponente (Folge der Reflexionskoeffizienten) und einer deterministischen Komponente (Wavelet), so kann der Prozeß der inversen Filterung als eine Beseitigung des deterministischen Anteils verstanden werden. Die AKF der Seismogrammspur stimmt mit der AKF des Wavelets überein. Über das Leistungsspektrum ist die AKF mit dem Amplitudenspektrum des Wavelets verknüpft. Da jedoch das Amplitudenspektrum nur im Zusammenhang mit dem Phasenspektrum die Zeitfunktion eindeutig bestimmt, muß man über das Phasenspektrum des Signals gewisse plausible Annahmen treffen. Oft setzt man eine Minimalphasigkeit voraus, da in diesem Fall das Phasenspektrum über eine HILBERT-Transformation aus dem Amplitudenspektrum berechenbar ist.

Dekonvolutionsprozesse werden vor allem in den Fällen gute Erfolge erzielen, in denen das normale Reflexionswavelet durch oberflächennahe Störeinflüsse in die Länge gezogen wird. Hierzu gehören beispielsweise die Wasserreverberationen in der Seeseismik und Geisterreflexionen.

Digitale Feldaufzeichnung und Datenverarbeitungsanlage

Schema der digitalen Feldaufzeichnung

In der Literatur und vor allem in Firmenschriften ist eine Vielzahl digitaler Feldapparaturen beschrieben, so daß es hier genügt, das für alle Varianten annähernd zutreffende Schema der digitalen Feldaufzeichnung zu diskutieren (Abb. 10).

Die nach einem bestimmten System angeordneten Geophone (meist 24 Geophongruppen) sind mit entsprechenden Verstärkern verbunden. Im Prinzip lassen sich dazu konventionelle Geophone mit möglichst niedriger Eigenfrequenz und hoher Dynamik (über 100 dB) verwenden. Im Gegensatz zur Analogtechnik wird nun keine kontinuierliche Aufzeichnung der Verstärkerausgangsspannung vorgenommen, sondern über einen sogenannten Multiplexer ein Digitalisierungsvorgang eingeleitet. Der Multiplexer arbeitet elektronisch nach dem Prinzip eines äußerst schnell rotierenden Schalters, der kurzzeitig ($\sim$ 0,1 ms) die Verstärkerausgänge mit einem sogenannten „Sample-and-hold"-(Abtast- und Festhalte-)Verstärker verbindet. Dieser Verstärker ist Bestandteil des Analog/Digital-Wandlers, in dem die anliegende Sample-and-hold-Verstärkerspannung mit einer schrittweise veränderlichen Bezugsspannung verglichen wird. Der Spannungsvergleich wird mit Hilfe eines Binärverstärkers vorgenommen, der mit intern wirkender, binär abgestufter automatischer Amplitudenregelung arbeitet. Es sind meist 16 feste Verstärkungsstufen üblich, die sich jeweils um den Faktor 2 unterscheiden, so daß ein Dynamikumfang bis nahezu 100 dB realisiert werden kann. Der in digitaler Form erzeugte Vergleichswert wird im Formatter kodiert, d. h., der im A/D-Wandler ermittelte Vergleichswert wird in ein gewünschtes Aufzeichnungsformat übertragen und im Aufzeichner einem Digitalmagnetband aufgeprägt. Gebräuchlich sind Halbzoll- oder Ganzzollbänder mit 7 bis 9 oder 21 Spuren. Das Bandformat wird letztlich von der Kompatibilität der Bänder gegenüber den zur Verfügung stehenden Datenverarbeitungsanlagen bestimmt. Da dieser Vorgang in aufeinanderfolgenden diskreten Zeitintervallen (Abtastintervallen) für jede seismische Spur wiederholt wird und diskrete Abtastwerte vorliegen, spricht man von „Digitalisierung".

Schema der Datenverarbeitung

Die digitale seismische Meßtechnik ist durch einen enormen Anfall von Daten gekennzeichnet. So werden auf einem einzigen Seismogramm bei einer Registrierzeit von 6 s und einem Abtastintervall von 2 ms die üblichen 20—30 Spuren durch nahezu 10^5 Einzelwerte dargestellt. Bei gleichzeitiger Arbeit mehrerer seismischer Trupps sind zur Verarbeitung dieser Daten eine oder mehrere hochleistungsfähige Rechenanlagen erforderlich. Die für derartige Zwecke verwendeten Rechner müssen neben hohen Rechengeschwindigkeiten (im Mikro- bis Nanosekundenbereich) auch über eine hohe Speicherkapazität (einige 10^6 Wörter) und ein variables Zusammenspiel von Zentraleinheit und Peripherie verfügen. Abb. 11 zeigt ein in der Zeitschrift „Oel" veröffentlichtes Flußdiagramm einer derartigen digitalen Anlage (Typ CDC 3300) zur Seismogrammbearbeitung.

Von der Zentraleinheit wird der Programmablauf einschließlich Rechenoperationen und Datenfluß zum und vom Speicher gesteuert. Im Kernspeicher befinden sich die zur Abarbeitung benötigten Programme, reservierte Bereiche der für die Rechnung nötigen Arbeitsspeicher und Pufferplätze für den Datenaustausch mit den externen Speichern und den Magnetbandlaufwerken. Über die Magnetbandlaufwerke werden die Digitalbänder mit den Feldregistrierungen eingegeben bzw. Arbeitsbänder (abgespeicherte Zwischenergebnisse) ausgegeben. Fest angeschlossene Plattenspeichertürme ermöglichen außerdem den wahlfreien Zugriff zu größeren Datenmengen in relativ kurzer Positionierzeit. Zur Erhöhung der Rechengeschwindigkeit für verschiedene Standardoperationen werden Konvolver verwendet. Das sind mit der Zentraleinheit verbundene Zusatzrechenwerke, die auf Grund einer festen inneren Verdrahtung Produktsummenbildungen in optimaler Zeit vornehmen (Multiplikationszeiten von $5 \cdot 10^{-7}$ s). Da bei der seismischen Datenverarbeitung (Filterung, Dekonvolution, Korrelation) in großem Umfang derartige Operationen ablaufen, kann man durch wirkungsvollen Einsatz von Konvolvern die Rechengeschwindigkeit wesentlich steigern.

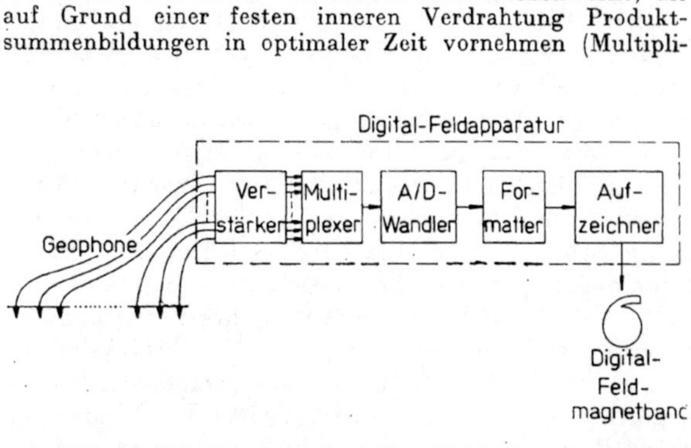

Abb. 10. Schema der seismischen Feldaufzeichnung

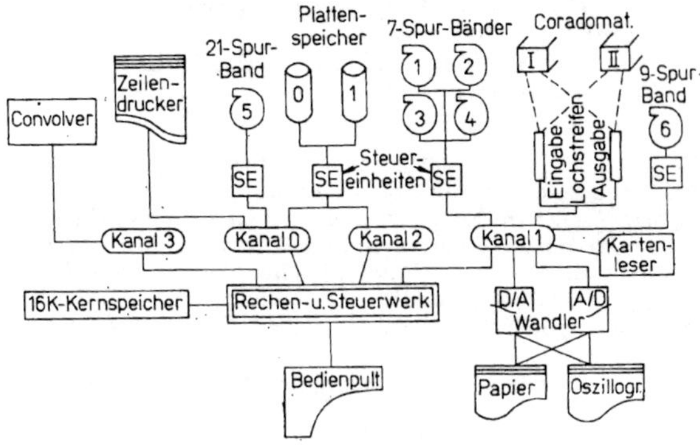

Abb. 11. Flußdiagramm der digitalen Seismogrammbearbeitung

Schließlich sind auch eine Lochstreifenein- und -ausgabe sowie eine Lochkarteneinheit vorhanden, um die im Felde erfaßten Zusatzdaten und verschiedene Organisationsbefehle für die Abarbeitung aufnehmen zu können.

Nach Bedarf ist es bei leistungsfähigen Anlagen auch möglich, analoge Magnetbandaufzeichnungen über entsprechende Analog/Digital-Wandler einer digitalen Bearbeitung zuzuführen. Neben den erwähnten eingabeseitigen Geräten der Peripherie lassen sich auch ausgabeseitig durch On-line- oder Off-line-Anschluß von Zusatzgeräten höhere Arbeitsgeschwindigkeiten und visuell verarbeitungsgerechte Ergebnisse erzielen. Dazu gehören vor allem automatische Zeichengeräte wie Großkoordinatographen, Plotter und Tracer, die in der entsprechenden Fachliteratur ausführlich beschrieben werden. Für einen Großausstoß von seismischen Laufzeitprofilen und Seismogrammblöcken sind auf Laserbasis arbeitende und in Echtzeit (realtime) auf selbstentwickelnden Trockenfilm aufzeichnende sogenannte Tracer besonders geeignet. Sie stellen praktisch selbständige seismische Wiedergabezentralen mit digitaler Eingabe dar.

Gang der digitalen Bearbeitung

Eine Skizzierung der Verarbeitungsschritte digitalseismischer Untersuchungen kann auf Grund der Vielgestaltigkeit und des Ineinandergreifens der einzelnen Prozesse gepaart mit der Forderung nach Flexibilität gegenüber der Aufgabenstellung im Rahmen dieser Ausführungen nur als vereinfachte Darstellung einer möglichen Variante aufgefaßt werden. Bei der praktischen Durchführung wird man die eine oder andere Phase stärker betonen, es werden Vereinfachungen vorgenommen oder ganz neue Aspekte berücksichtigt. Auch die Reihenfolge der Bearbeitung, wie sie hier an Hand vorliegender Literaturangaben dargestellt wird, kann durchaus anders sein.

Feldarbeiten und Datenerfassung

Bei den Feldarbeiten und der Datenerfassung ist außer der Verwendung einer digital registrierenden Apparatur gegenüber der bisherigen Analogtechnik keine prinzipielle Veränderung zu erkennen. Der digitale Meßprozeß stellt allerdings erhöhte Anforderungen an die Genauigkeit aller Daten (z. B. Vermessung von Schußpunkten und anderer Zusatzdaten) und die Sicherung eines reibungslosen Produktionsablaufs. Bei digitalseismischen Messungen ist es üblich, im Feld bereits eine Erstauswertung auf der Grundlage einer analogen Magnetbandabspielung (playback) durchzuführen, um die technische und wissenschaftliche Qualität des Seismogramms zu überprüfen.

Die weitere Bearbeitung des im Felde gewonnenen Meßmaterials erfolgt dann ausschließlich in einem Auswertezentrum mit Großrechenanlage.

Bearbeitung in der Rechenanlage

Bei der Bearbeitung des digitalseismischen Meßmaterials in der Auswertezentrale lassen sich einige wichtige Etappen unterscheiden. Zunächst erfolgt entsprechend dem Eingabeprogramm die Eingabe der zu bearbeitenden Feldbänder, einschließlich sämtlicher benötigter Zusatzinformationen in verarbeitungsgerechter Form.

Da die Laufzeiten der verschiedenen seismischen Wellen auf Grund unterschiedlicher Geländehöhen der Geophone, verschiedener Schußpunkttiefe und anderer Oberflächenfaktoren stark beeinflußt werden können, muß bereits in diesem Stadium eine statische Laufzeitkorrektur für jede Spur vorgenommen werden. Dadurch sollen die zum gleichen Reflexionspunkt gehörenden Nutzamplituden phasengleich gemacht werden, um eine bessere Vergleichbarkeit und ein maximales Summensignal bei der späteren Stapelung zu erreichen. Diese erste Berechnung der statischen Korrektur wird in der Regel auf Grund der mitgelieferten Felddaten aus der Geometrie des Strahlenverlaufs vorgenommen.

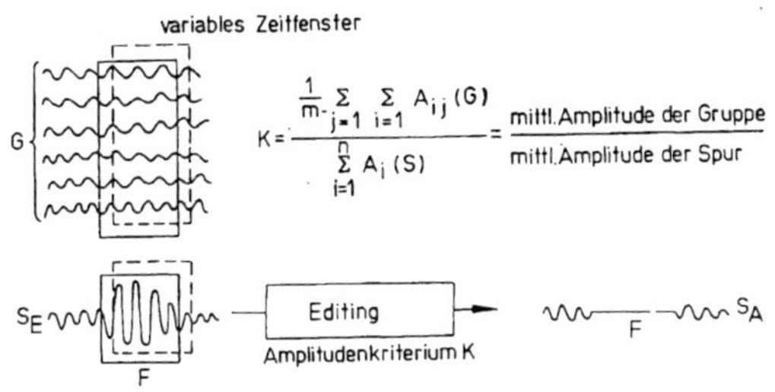

Abb. 12

S_E – Eingangsspur, G – Spurengruppe, S_A – Ausgangsspur

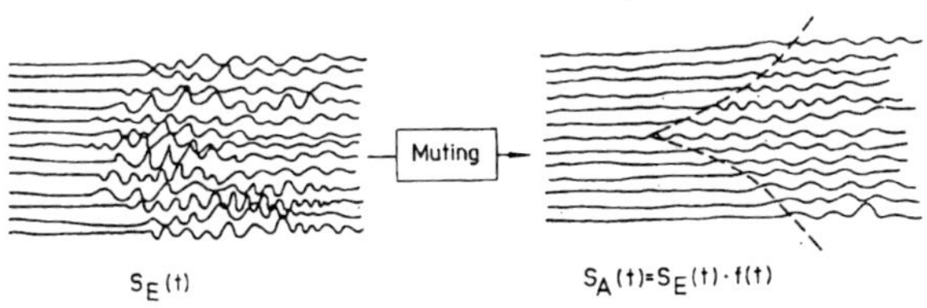

Abb. 13. Muting

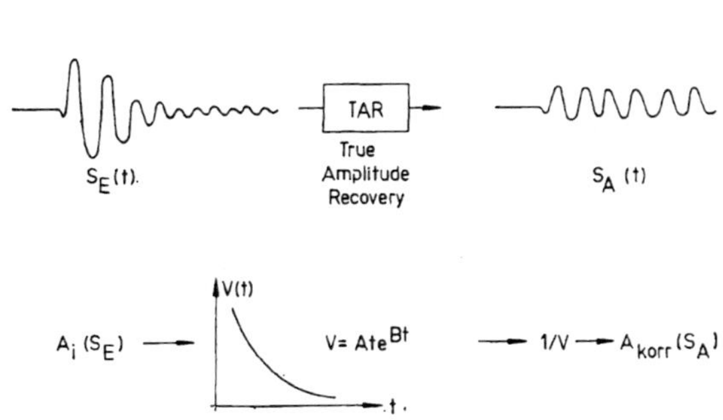

Abb. 14

A_i – Eingangsamplituden, A_{korr} – Ausgangsamplituden, A, B – aus A, B – aus (S_A) zu ermittelnde Koeffizienten

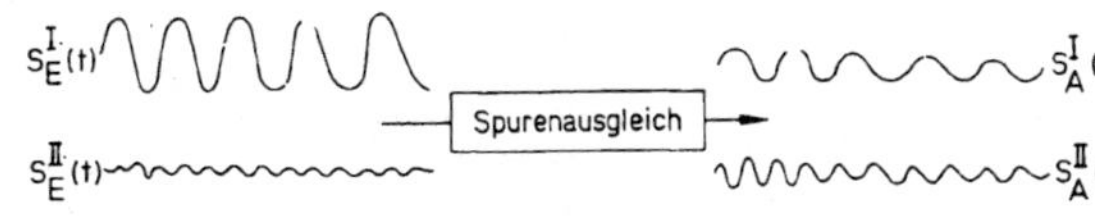

Abb. 15

$$K_I = C_I / \sum_{i=1}^{n} |A_i^I|, \quad S_A^I(t) = K_I \cdot S_E^I(t)$$

$$K_{II} = C_{II} / \sum_{i=1}^{n} |A_i^{II}|, \quad S_A^{II}(t) = K_{II} \cdot S_E^{II}(t)$$

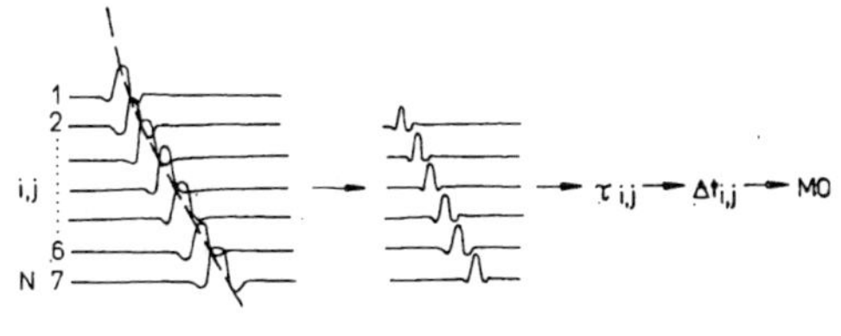

Abb. 16

$$S_E^i(t) \rightarrow KKF_{i,j}(\tau) \rightarrow KKF(MO) \rightarrow F(MO) = \sum_N \sum_i KKF(MO)$$

z. B. (1, i) Summation

$$F(MO) \rightarrow \bar{V}^2 = RM^2/2MO \cdot T$$

$\bar{V}$ – Effektivgeschwindigkeit, MO – Move-out, T – Laufzeit

Während des weiteren Bearbeitungsganges werden die endgültigen statischen Korrekturen aus den Seismogrammen automatisch bestimmt (s. a. Abb. 19).

Häufig ist es notwendig, auf Grund verschiedenster Störeinflüsse seismische Spuren ganz oder teilweise auszulöschen, d. h. von einer weiteren Bearbeitung auszuschließen. Das Prinzip dieses als Editing bezeichneten Prozesses ist auf Abb. 12 dargestellt. Als Kriterium für die Auslöschung eines Bereiches F der Spur S wird dabei in der Regel das Verhältnis der mittleren Amplituden A der Spurengruppe G zur Einzelspur S benutzt.

Sind auffällige Seismogrammverschlechterungen besonders bei Registrierbeginn zu erkennen (Interferenzen verschiedener Art), dann kann durch das sogenannte Muting eine keilförmige Unterdrückung der äußeren Spuren am Einsatzdreieck vorgenommen werden (s. Abb. 13). Die Wirkung des Muting kann abrupt $[S_A(t) = 0]$ oder als Zeitfunktion $S_A(t) = S(t) \cdot f(t)$ angesetzt werden.

Eine weitere Möglichkeit für die Verbesserung der Seismogrammqualität besteht in der Wiederherstellung der wahren Amplitudenverhältnisse (TAR – true amplitude recovery). Es soll damit eine bessere Vergleichbarkeit der zu verschiedenen Registrierzeiten aufgenommenen seismischen Signale erreicht werden (s. Abb. 14). Im Idealfall gilt es, eine Funktion $V(t)$ zu finden, in der sämtliche Verstärkungs- bzw. Regelungseinflüsse bei der Aufnahme sowie alle unterschiedlichen Absorptionseinflüsse des Untergrundes auf die Wellenausbreitung erfaßt sind. Bei reziproker Anwendung dieser Funktion auf das Seismogramm können die wahren Amplitudenverhältnisse annähernd wiederhergestellt werden.

Mit der Durchführung eines Spurenausgleichs will man in einem anderen Stadium der Bearbeitung erreichen, daß jede seismische Spur das gleiche Gewicht erhält (s. Abb. 15). Nach einem vom Rechner auf einfache Art zu ermittelnden Faktor wird eine Maßstabsänderung jeder Spur vorgenommen. Die Einzelspur erfährt dabei nur eine relative Veränderung zum Durchschnittsniveau, so daß der Dynamikumfang innerhalb der Spur erhalten bleibt.

Eine große Bedeutung bei der digitalen Bearbeitung hat die Bestimmung der Geschwindigkeit aus den Reflexionen. Für diese Geschwindigkeitsanalyse sind viele spezielle Bearbeitungsverfahren entwickelt worden (s. z. B. GAROTTA & MICHON 1967; FAIL u. a. 1964; CRESSMAN 1968; SATTLEGGER 1965; TREITEL, SHANKS & FRASIER 1967; SCHNEIDER & BACKUS 1968; ROBINSON 1969; EMBREE, BURG & BACKUS 1963; DOBRIN, INGALLS & LONG 1965). Die meisten von ihnen lassen sich auf das Prinzip der abschnittsweisen Richtungsanalyse zurückführen (s. Abb. 16). Man untersucht mehrere Spuren eines Seismogramms in aufeinanderfolgenden Zeitintervallen und berechnet die Differenzlaufzeiten Δt der im Zeitintervall auftretenden Reflexionen von Spur zu Spur. Die Ermittlung der Δt-Werte kann entweder über die Bildung der Kreuzkorrelationsfunktion (KKF) oder durch Richtungssummation erfolgen. Aus den so erhaltenen Δt-Werten werden die Neigung der Reflexionshyperbel und die zugehörige Durchschnittsgeschwindigkeit über das sogenannte Move-out (MO) bestimmt. Das MO ist der wahrscheinlichste (oder durchschnittliche) Δt-Wert für die maximale Geophonentfernung RM bezüglich jeder Reflexionslaufzeit T. Die Effektivgeschwindigkeit kann nach folgender Beziehung berechnet werden:

$$\bar{v}^2 = RM^2/2MO \cdot T + MO^2$$

Es kann somit eine fortlaufende Geschwindigkeitsbestimmung erreicht werden, wenn anstelle der Reflexionslaufzeiten die Registrierzeiten an beliebigen Abtastpunkten eingesetzt werden. Durch diese kontinuierliche v-Bestimmung ist während des gesamten Bearbeitungsprozesses neben der Gewinnung eines für die weitere Bearbeitung wichtigen Parameters erstmalig die Möglichkeit einer anschaulichen Information über den Untergrund gegeben. Durch Ausdrucken der häufig noch mit einem Amplitudenmittelwert gewichteten Geschwindigkeitswerte im Vertikalprofil oder im Vertikalschnitt können Hinweise über Anzahl, Tiefe und Neigung der reflektierenden Grenzflächen erhalten werden.

An verschiedenen Stellen des Bearbeitungsganges wird eine sogenannte Stapelung vorgenommen. Solche Stapelprozesse werden durchgeführt, um das Nutz-:Störsignal-Verhältnis zu erhöhen oder das umfangreiche Datenmaterial zu reduzieren (s. Abb. 17). Dabei kann es sich einmal um eine Energiestapelung handeln, wobei zur Erhöhung der Amplituden und des Auflösungsvermögens die empfangenen seismischen Signale mit sich selbst überlagert und alle Amplituden unterhalb eines Schwellwertes weggeschnitten werden. Zum anderen gibt es bei dem Beobachtungssystem CRP (Common Reflection Point), das bei digitalseismischen Messungen fast ausschließlich angewandt wird, zu jedem Reflexionspunkt mehrere seismische Spuren (2, 3, 6, 12 oder mehr Spuren). Durch Stapelung dieser Spuren wird das Nutz-:Störsignal-Verhältnis wesentlich verbessert. Eine wirksame CRP-Stapelung im Rahmen des digitalen Bearbeitungsprozesses ist nur sinnvoll, wenn durch entsprechende Korrekturen (z. B. dynamische Korrekturen) die Nutzreflexionen in Phase gebracht worden sind.

Die bisher dargestellten Prozesse werden in der Literatur häufig zum Komplex der im Rechner ablaufenden vorbereitenden Bearbeitung digitalseismischer Daten zusammengefaßt. Zu diesem Komplex werden auch noch einige spezielle Filter- und Dekonvolutionsverfahren gerechnet; sie können innerhalb des Bearbeitungsprozesses an den verschiedensten Stellen mit unterschiedlichen Varianten eingesetzt werden. Zwei typische

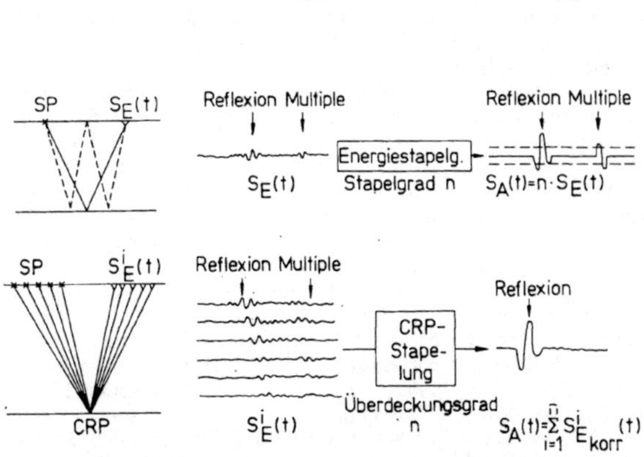

Abb. 17. Stapelverfahren

„vorbereitende“ Filter- bzw. Dekonvolutionsverfahren seien hier genannt:

Die Aliasing-Filterung wird angewandt, wenn man innerhalb der digitalen Bearbeitung vom 2-ms-Abtastintervall bei der digitalen Registrierung auf ein 4-ms-Intervall übergeht. Durch die Wahl eines geeigneten Operators wird eine starke Dämpfung der Frequenzen über 125 Hz erreicht, während die Frequenzen zwischen 0 und 125 Hz nur geringfügig gedämpft werden.

Die vorläufige Dekonvolution soll dazu dienen, die besonders bei seeseismischen Messungen sehr störenden Reverberationen zu unterdrücken. Unter der Vorgabe verschiedener Signalformen bei meist variabler Länge des Zeitfensters werden die entsprechenden Operationen („Antifilter“) aus der seismischen Spur selbst ermittelt.

Im bisherigen Bearbeitungsprozeß erfolgt meist keine Analogausgabe der seismischen Daten. Für verschiedene Fragen ist es jedoch notwendig, im anschließenden Bearbeitungsabschnitt (auch häufig als „Kontrollphase“ bezeichnet) nach Bedarf eine analoge Zwischenausgabe vorzunehmen, um Entscheidungen über den weiteren Bearbeitungsablauf treffen zu können. Zu diesem weiteren Bearbeitungsabschnitt gehört vor allem die genaue Bestimmung der dynamischen Korrekturen.

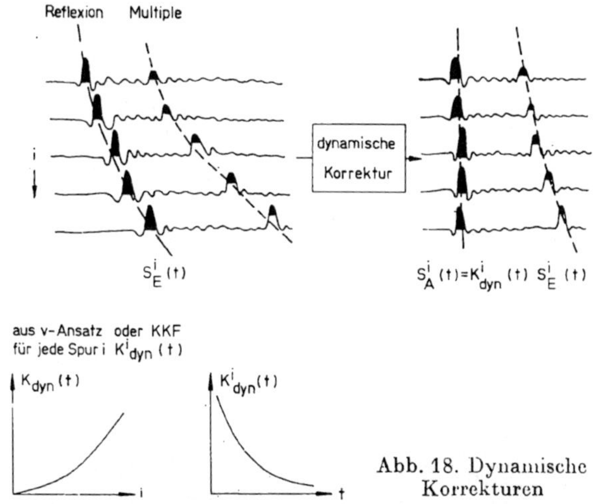

Abb. 18. Dynamische Korrekturen

Die dynamische Korrektur bestimmt im wesentlichen die Qualität der Stapelprozesse. Durch diese Korrektur werden alle seismischen Strahlen auf die kürzeste Laufzeit (bzw. den kürzesten Laufweg, den Lotstrahl) umgerechnet. Damit wird die Krümmung aus den Reflexionshyperbeln direkter Wellen beseitigt, während alle anderen Welleneinsätze eine Restkrümmung behalten (s. Abb. 18 und 20).

Da man den genauen Laufweg der einzelnen Strahlen nicht kennt, ist man zunächst auf einen mehr oder weniger guten v-Ansatz angewiesen, von dessen Zuverlässigkeit die Qualität der Korrektur wesentlich bestimmt wird. Die aus den Seismogrammen ermittelten Δt-Werte bzw. v-Werte sind nur bedingt verwendbar, da z. T. recht erhebliche Brechungseffekte eingehen. Diese können jedoch durch die rechnerische Behandlung eines aus den vorläufigen Ergebnissen gebildeten seismischen Modells weitestgehend abgeschätzt werden.

An Hand von analogen Zwischenausgaben von Seismogrammblöcken und Laufzeitprofilen können in diesem Bearbeitungsstadium die über den Untergrund gemachten Voraussetzungen während der bisherigen maschinellen Bearbeitung überprüft werden und wichtige Erkenntnisse

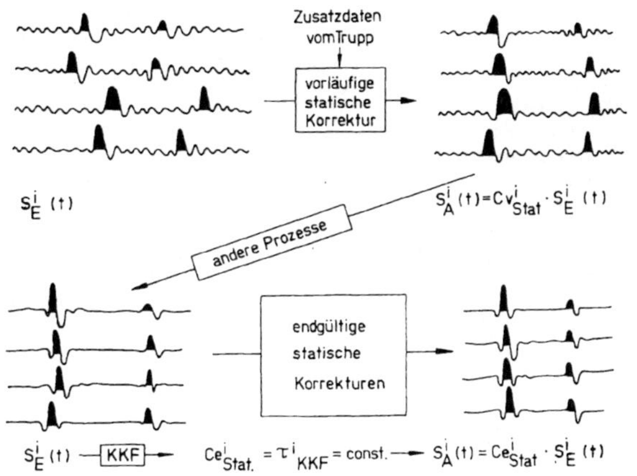

Abb. 19. Statische Korrekturen

über den weiteren Bearbeitungsverlauf und die Aufstellung verbesserter Modelle gewonnen werden. Vor allem können die Geschwindigkeitsansätze überprüft, horizontale Geschwindigkeitsänderungen berücksichtigt und die endgültigen statischen und dynamischen Restkorrekturen festgelegt werden.

Nach diesem zweiten Bearbeitungskomplex erfolgt dann die endgültige Bearbeitung. Dazu werden die Daten erneut in digitaler Form in den Rechner eingegeben. Entsprechend den Anforderungen an das gewünschte Endergebnis können verschiedene Bearbeitungsprozesse in dieser Endphase vorgenommen werden, z. B. Anbringen der verbleibenden endgültigen dynamischen und statischen Korrekturen (Abb. 19), zeitveränderliche Filterung nach selektiven Filtertests, erneute Stapelung, Durchführung der verschiedenen Dekonvolutionsverfahren nach z. T. automatischer Bestimmung der optimalen Operatoren. Diese Bearbeitungsprozesse, deren prinzipielle Wirkungsweise bereits erläutert wurde, bilden die wichtigste Etappe bei der digitalen Seismogrammbearbeitung, wobei den vielfältigen Filter- und Dekonvolutionsverfahren eine entscheidende Bedeutung zukommt.

Mit der wahlweisen digitalen oder analogen Ausgabe (s. Abb. 21 bis 24) des im Rechner hochveredelten Seismogrammaterials findet die automatische Bearbeitung der digitalen seismischen Feldregistrierungen ihren vorläufigen Abschluß. Geophysiker und Geologen haben nun die Möglichkeit, die zusammenfassende Interpretation vorzunehmen. Die Art der Analogausgabe kann nach Bedarf variiert werden. Beispielsweise ist es für die Frage der Multiplenerkennung zweckmäßig, sogenannte Auto- und Retrokorrelogramme ausgeben zu lassen, um im Vergleich mit dem eigentlichen Seismogramm die Multiplen visuell oder automatisch zu eliminieren.

Verbesserung der geophysikalisch-geologischen Aussage durch digitale Bearbeitung

Die wichtigste Aufgabe bei seismischen Untersuchungen ist die Erfassung und Verfolgung von Reflexionshorizonten. Wie schon besprochen, sind das Seismogramm und die einzelne seismische Spur komplex aufgebaut. Das gewünschte Signal wird überlagert von einem zufälligen Rauschen und zahlreichen Störsignalen wie Multiplen, Reverberationen, Ghostreflexionen, Diffraktionswellen u. a. So entsteht ein häufig nicht lesbares Seismogramm.

Eine schematische Skizze soll zunächst zeigen (s. Abb. 20), wie durch die digitale Bearbeitung seismischer Daten aus einer komplizierten Seismogrammstruktur das Nutzsignal herauspräpariert werden kann (s. z. B. Backus 1959; Anstey & Newman 1966; Hammond 1962; Marr & Zagst 1967; Middleton & Whittlesey 1968; Rockwell 1967; Schneider, Prince & Giles 1965; Schneider, Larner, Burg & Backus 1964; Seabrooke 1961).

Gegeben seien sechs Spuren einer CRP-Messung, die zum gleichen Reflexionspunkt gehören. Nach Anbringen einer automatisch bestimmten statischen Korrektur ergibt sich für jede Reflexion eine gewisse Move-out-Zeit. Durch die digitale Bearbeitung ist es möglich, für jede Reflexion diese Move-out-Zeit zu bestimmen und eine Korrektur so anzubringen, daß alle sechs Spuren in Phase liegen (dynamische Korrektur). Es ist bereits ein großer Vorteil der digitalen Bearbeitung, daß die dynamische Korrektur aus der Registrierung selbst individuell für die einzelnen Reflexionen bestimmt werden kann.

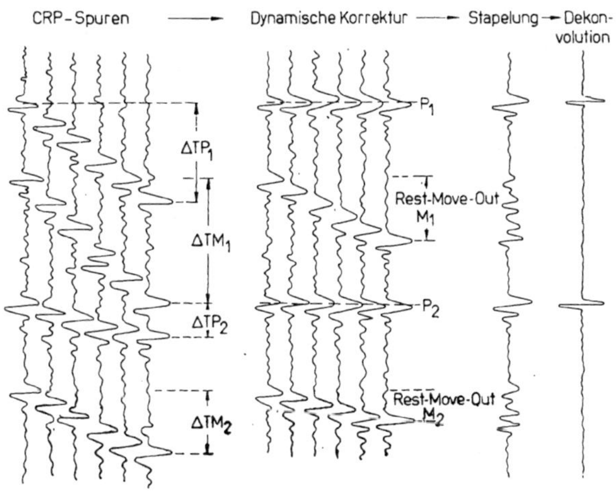

Abb. 20. Schematische Darstellung wichtiger Schritte bei der digitalen Bearbeitung seismischer Daten

ΔTP_1, ΔTP_2: Move-out-Zeit für die primären Reflexionen P_1 und P_2
ΔTM_1 und ΔTM_2: Move-out-Zeit für die Multiplen M_1 und M_2

Für die Multiplen bzw. alle Signale, die eine andere Neigung als die primären Signale haben, bleibt eine Rest-Move-out-Zeit erhalten. Bei der anschließenden Stapelung der sechs Spuren zu einer Summenspur erfolgt bereits eine Dämpfung der Multiplen. Durch eine nachfolgende Dekonvolution (wobei verschiedene den Gegebenheiten und Anforderungen entsprechende Operatoren nacheinander angewandt werden können) wird das eigentliche Signal komprimiert und von den verbliebenen Anteilen der Reverberationen, Multiplen u. a. weitgehend befreit.

Die Abb. 21 bis 24 zeigen an einem praktischen Beispiel (aus Rockwell 1967), wie sich durch diese Bearbeitungsschritte die Aussagekraft der Seismogramme bedeutend steigern läßt.

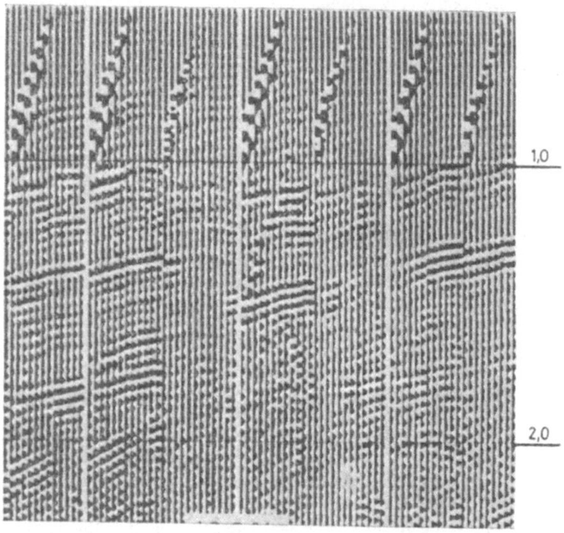

Abb. 21. Digitalseismische Messungen, Einfachüberdeckung, Normal-move-out-Korrektur (aus ROCKWELL 1967)

In Abb. 21 ist die digitale Registrierung zunächst in Form einer Einfachüberdeckung abgespielt, die Krümmung der Reflexionshorizonte ist durch eine Normal-Move-out-Korrektur weitgehend beseitigt, eine weitere Signalbearbeitung wurde nicht durchgeführt. Es deuten sich einige Reflexionselemente an, jedoch läßt der Seismogrammblock praktisch noch keine Aussage über den Bau des Untergrundes zu. In der folgenden Abb. 22 sind die Daten, die der Abb. 21 zugrunde liegen, weiterbearbeitet worden. Durch eine Dekonvolution wurden die Reverberationen weitgehend eliminiert. Man erkennt, wie sich jetzt schon durchgehende Reflexionshorizonte zeigen (etwa bei 1 s, 1,2 s und in Andeutungen bei ca. 1,7 s). Trotz dieser Seismogrammbearbeitung bleibt jedoch das Bild noch sehr verschwommen. In Abb. 23 sind die Spuren, die zu einem Reflexionspunkt gehören, zu einer Summenspur gestapelt worden (in diesem Fall Sechsfachstapelung), ohne Durchführung einer Dekonvolution. Gegenüber Abb. 21 (Einfachüberdeckung) erkennt man bei der Sechsfachüberdeckung allein durch den Stapeleffekt eine ganz entscheidende Verbesserung der Aussage über den Untergrund. Das Bild wirkt allerdings noch etwas unklar, vor allem durch die zahlreichen Phasen der einzelnen Reflexionen.

Durch eine nachfolgende Dekonvolution des gestapelten Materials (s. Abb. 24) erfolgt eine starke Heraushebung der ersten Phase, das Seismogrammprofil wird gut lesbar, die Struktur des Untergrundes hebt sich deutlich heraus.

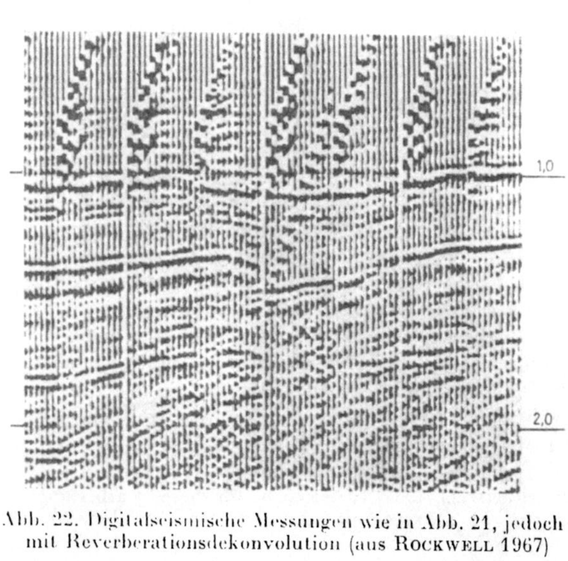

Abb. 22. Digitalseismische Messungen wie in Abb. 21, jedoch mit Reverberationsdekonvolution (aus ROCKWELL 1967)

An diesem Beispiel soll gezeigt werden, daß durch die digitalen Bearbeitungsprozesse vor allem das Auflösungsvermögen wesentlich verbessert wird.

Ferner gelingt es, dicht aufeinander folgende Reflektoren zu trennen. Ausbißzonen unter transgredierenden Horizonten können seismisch besser erfaßt werden. Auch unter Salzakkumulationen lassen sich Reflektoren verfolgen und die Grenzen von Salzstöcken oder Salzkissen festlegen.

Durch die weitgehende Eliminierung von Multiplen werden störende Interferenzen zwischen echten Reflexionen und Multiplen beseitigt, so daß die durchgehende und sichere Korrelierung der Reflexionshorizonte verbessert wird.

Die geophysikalischen Betriebe des kapitalistischen Auslandes stellen die Ergebnisse der digitalen Bearbeitung in der Regel in Form von Zeitschnitten dar. In solchen Zeitschnitten ist die wesentliche Information enthalten, aus ihnen kann der bearbeitende Geologe zahlreiche Details über den Strukturbau des Untergrundes entnehmen.

Eine weitere Verbesserung der Aussage gegenüber der analogen Bearbeitung ist durch die **Geschwindigkeitsanalyse** gegeben. Der Rechner kann für jeden Schußpunkt die Effektivgeschwindigkeit bis zu jeder

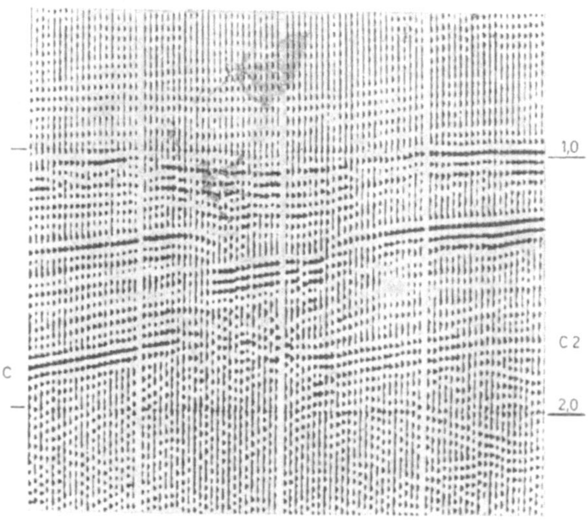

Abb. 23. Digitalseismische Messungen, Sechsfachstapelung, aber ohne Reverberationsdekonvolution (aus ROCKWELL 1967)

Reflexion bzw. bis zu einer beliebigen Laufzeit berechnen und die vertikale Geschwindigkeitsverteilung ausgeben. Zum anderen ist es möglich, für eine gegebene Tiefe bzw. Laufzeit die horizontale Geschwindigkeitsverteilung zu erfassen.

Abb. 25 zeigt hierfür ein Beispiel (aus GAROTTA & MICHON 1967). An jedem Schußpunkt ist für eine bestimmte Tiefe (Laufzeit) die Summationskurve dargestellt, die sich bei der Aufsummierung der Amplituden während der Geschwindigkeitsanalyse ergibt. Die Kurvenmaxima geben die mittleren Geschwindigkeitswerte bis zu dieser Tiefe für eine echte Reflexion und eine Multiple an. Es ist deutlich zu erkennen, daß im linken Teil (Schußpunkt 1 bis 3) relativ hohe Geschwindigkeitswerte auftreten. An einer hier vermuteten Störung sinken die Werte im Bereich der Schußpunkte 4 bis 6 ab, steigen dann bis zum Schußpunkt 9 erneut an und fallen am Schußpunkt 10 leicht ab. Zusammen mit dem entsprechenden Zeitschnitt kann aus der lateralen Änderung der Geschwindigkeit in einer bestimmten Tiefe bereits eine qualitative Aussage über die Eigenschaften der einzelnen Schichtpakete gemacht werden.

Eine weitere Aussage über die petrophysikalischen Eigenschaften der Schichten des Untergrundes ermög-

Zeitschrift für angewandte Geologie, Bd. 16 (1970), Heft 4

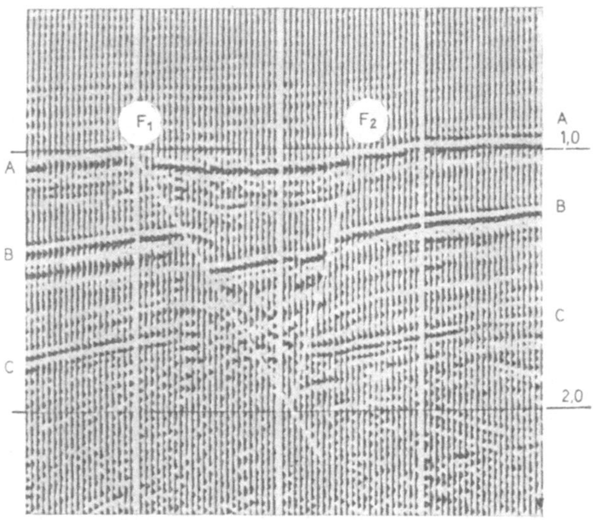

Abb. 24. Digitalseismische Messungen, Sechsfachstapelung und Reverberationsdekonvolution (aus ROCKWELL 1967)

licht die Berechnung der Intervallgeschwindigkeiten aus der laufenden Geschwindigkeitsanalyse bei der digitalen Bearbeitung. Die Intervallgeschwindigkeiten können profilmäßig, flächenhaft oder auch dreidimensional dargestellt werden (s. z. B. GAROTTA & MICHON 1967; SATTLEGGER 1965). Wenn auch die Einzelwerte durchaus erhebliche Fehler haben können, so erhält man doch durch die große Datenmenge eine wertvolle Information über die lateralen Geschwindigkeitsänderungen.

Ein Beispiel zeigt Abb. 26 (nach GAROTTA & MICHON 1967). Aus der Änderung der Intervallgeschwindigkeit längs des Profils ergeben sich Hinweise auf eine Änderung der lithofaziellen Ausbildung und der petrophysikalischen Eigenschaften der einzelnen Schichten. So ist z. B. das Verhalten der Schicht B interessant. Die Geschwindigkeitswerte nehmen bei Annäherung an den Bereich, wo sie unter der transgredierenden Schicht auskeilt, immer mehr ab. Auch in der Schicht E treten deutliche Änderungen in den Geschwindigkeitswerten auf; je weiter die Schicht absinkt, desto größer wird die Geschwindigkeit. Es lassen sich daraus gewisse Rückschlüsse auf die Teufenabhängigkeit der Fortpflanzungsgeschwindigkeit innerhalb einer Schicht und damit auf mögliche diagenetische Veränderungen ziehen. Für die Faziesanalyse könnte die kontinuierliche Bestimmung der Intervallgeschwindigkeiten durchaus von Bedeutung sein.

Die bisher dargestellten Beispiele für die wesentliche Erhöhung der geophysikalisch-geologischen Aussage durch die digitale Bearbeitung bezogen sich allein auf die Auswertung kinematischer Parameter (Laufzeit, Geschwindigkeit).

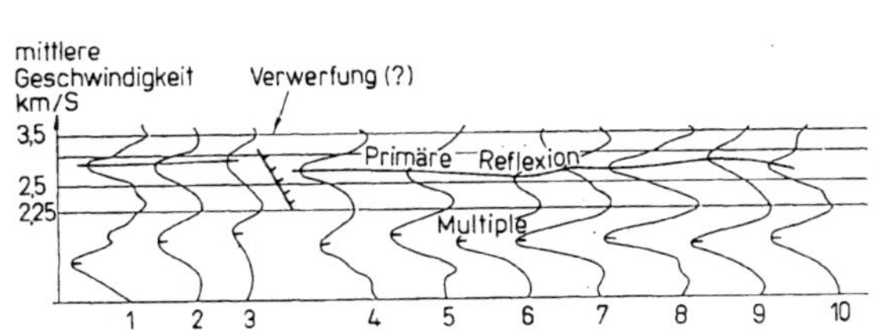

Abb. 25. Laterale Geschwindigkeitsverteilung für eine gegebene Laufzeit im Bereich der Schußpunkte 1 bis 10 (aus GAROTTA & MICHON 1967)

Durch den großen Dynamikumfang und die weitgehend verzerrungsfreie Aufzeichnung und Bearbeitung in der Digitalseismik können auch **dynamische Parameter** zur Auswertung herangezogen werden. So ergeben sich Möglichkeiten, aus dem Verlauf der Amplituden eines Reflexionshorizontes Aussagen über seine Eigenschaften, die Änderung des Reflexionskoeffizienten, mögliche Störungs- und Zerrüttungszonen und andere Parameter zu erhalten. Schon bei analog-seismischen Untersuchungen ist dieser Weg vorgezeichnet, wegen der großen Unsicherheiten und Fehlereinflüsse jedoch kaum weiterentwickelt worden (s. z. B. ALECHIN 1969; RISCHE 1967; SAVIT 1960).

Mit der Auswertung kinematischer und dynamischer Parameter ist die Anwendung der elektronischen Datenverarbeitung in der Seismik nicht abgegrenzt. Wichtige Einsatzbereiche liegen bei Interpolationsproblemen, der zwei- und dreidimensionalen Konstruktion von Tiefenprofilen und Tiefenlinienplänen. Durch erneute Digitalisierung von bereits vorliegenden Unterlagen können zahlreiche Probleme der komplexen Interpretation wie Korrelationsanalyse, Trendanalyse und Filterung bearbeitet werden.

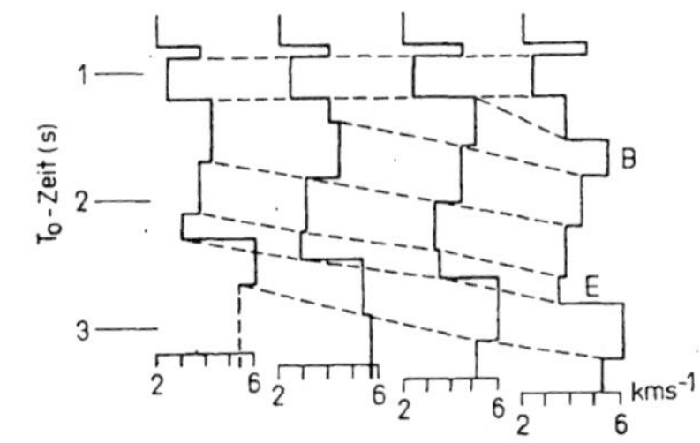

Abb. 26. Intervallgeschwindigkeiten für 4 Schußpunkte (aus GAROTTA & MICHON 1967)

Zusammenfassung

Es werden die theoretischen und apparativen Grundlagen der Digitalseismik dargestellt.

Bei der Auswertung der vorliegenden Literatur über die digitale Bearbeitung seismischer Daten ergeben sich einige allgemeine Schlußfolgerungen:

Bei den Feldarbeiten treten wesentlich erhöhte Anforderungen an die Genauigkeit sämtlicher Daten auf.

Es können neue Beobachtungssysteme mit hohen Überdeckungsgraden in die Feldmethodik eingeführt werden.

Bei der Erfassung und Verfolgung von Reflexionshorizonten, auch unter komplizierten seismogeologischen Bedingungen, tritt eine deutliche Verbesserung auf.

Das Auflösungsvermögen wird erhöht.

Zusätzlich zu den kinematischen Parametern können dynamische Kenngrößen ausgewertet werden.

Es lassen sich erweiterte Aussagen über die petrophysikalischen Eigenschaften der Schichten des Untergrundes machen.

Die Auswertung seismischer Registrierungen wird weitgehend von subjektiven Einflüssen befreit.

Der automatisierte Auswertegang und die elektronische Datenverarbeitungsanlage ersetzen jedoch nicht den Geophysiker und Geologen. Im Gegenteil sollte die erhöhte Aussagekraft der digitalen Bearbeitungsergebnisse eine neue Etappe in der Erforschung der geologischen Prozesse im Bereich der oberen Erdkruste mit dem Ziel einleiten, neue Erkenntnisse über regionale Verknüpfungen und Gesetzmäßigkeiten besonders im Hinblick auf tektonische und lagerstättenkundliche Probleme zu gewinnen. Die digitale Bearbeitung kann dabei nur ein sehr wichtiges und effektives Hilfsmittel sein.

Резюме

Здесь даны теоретические и аппаративные основы цифровой сейсмики.

При изучении литературы о цифровой обработке сейсмических данных было сделано несколько общих выводов:

При полевых работах требуется большая точность всех данных.

В полевую методику можно ввести новые системы наблюдений с большей степенью перекрытия.

При установлении и прослеживании отражающих горизонтов наблюдается значительное улучшение даже при сложных сейсмогеологических условиях.

Повышается разрешающая способность.

Дополнительно к кинематическим параметрам можно обрабатывать динамические данные.

Можно получить более полные сведения о петрофизических свойствах подземных слоев.

При обработке сейсмических регистраций в большинстве случаев исключается влияние субъективных факторов.

Однако, автоматизированная обработка и электронная вычислительная машина не могут заменить геофизика или геолога. Напротив, повышенная эффективность результатов цифровой обработки должна наметить новый этап исследований геологических процессов в верхней части земной коры, с целью получения новых сведений о региональных связях и закономерностях, с особым учетом проблем тектоники и месторождений полезных ископаемых. При этом цифровая обработка несет только характер очень важного и эффективного вспомогательного средства.

Summary

The principles of seismic data-processing are pointed out.

Some general conclusions to be drawn from an evaluation of the literature available on the digital processing of seismic data are as follows:

In the field work considerably higher accuracy of all the data is necessary.

New systems of observation with high coverage can be introduced into the field technique.

An obvious improvement is found when determining and pursuing reflection horizons even under hard seismogeological conditions.

The resolving power is increased.

Dynamic characteristics can be evaluated in addition to the kinematic parameters.

Further conclusions can be drawn on the petrophysical properties of the geological formations.

The evaluation of seismic records is widely free from subjective influences.

However, the geophysicist and geologist cannot be replaced by automatic evaluation and electronic data processing. On the contrary, digital processing should initiate a new stage of investigating geological processes within the upper part of the earth's crust to obtain new results, particularly as far as problems of tectonics and mineral deposits are concerned. For these purposes the digital processing may be very important and efficient.

Literatur

ALECHIN, S. W.: Otrashenie uprugich kolebanii ot krowli neftegasonazyschtschennogo plasta. — Raswedotschnaja Geofisika, **32**, 13—16 (1969).
ANSTEY, N. A., & P. NEWMAN: The sectional auto-correlogram and the sectional retro-correlogram. — Geophys. Prosp., **14**, 4, 389—426 (1966).
BACKUS, M. M.: Water reverberations — their nature and elimination. — Geophysics, **24**, 2, 233—261 (1959).
CRESSMAN, K. S.: How velocity layering and steep dip affect CDP. — Geophysics, **33**, 3, 399—411 (1968).
DOBRIN, M. B., A. L. INGALLS & J. A. LONG: Velocity and frequency filtering of seismic data using laser light. — Geophysics, **30**, 6, 1144—1178 (1965).
EMBREE, P., J. P. BURG & M. M. BACKUS: Wide-band velocity filtering — the pie slice process. — Geophysics, **28**, 6, 948—974 (1963).
FAIL, J. P., G. GRAU & P. C. LAYOTTE: Amélioration du rapport signal/bruit à l'aide du filtrage en éventail. Etude d'un cas concrète. — Geophys. Prosp., **12**, 3, 258—282 (1964).
GAROTTA, R., & D. MICHON: Continuous analysis of the velocity function and of the move out corrections. — Geophys. Prosp., **15**, 4, 584—597 (1967).
HAMMOND, J. W.: Ghost elimination from reflection records. — Geophysics, **27**, 1, 48—60 (1962).
KAISER, J. F.: Digital filters. In: KUO, F. K., & J. F. KAISER: System analysis by digital computer. — J. Wiley, New York 1966.
KERTZ, W.: Filterverfahren in der Geophysik. — Gerlands Beitr. Geophys., **75**, 1—33 (1966).
KUNETZ, G.: Essai d'analyse de traces sismiques. — Geophys. Prosp., **9**, 3, 317—341 (1961).
MARR, J. D., & E. F. ZAGST: Exploration horizons from new seismic concepts of CDP and digital processing. — Geophysics, **32**, 2, 207—224 (1967).
MAYNE, W. H.: Common reflection point horizontal data stacking techniques. — Geophysics, **27**, 6, 927—938 (1962).
MIDDLETON, D., & J. WHITTLESEY: Seismic models and deterministic operators for marine reverberations. — Geophysics, **33**, 4, 557—583 (1968).
MOONEY, H. M.: Pole-and-zero design of digital filters. — Geophysics, **33**, 2, 354—360 (1968).
RISCHE, H.: Erweiterung der Aussagekraft seismischer Meßergebnisse durch Nutzung der Reflexionsqualität. — Freiberger Forsch.-H., C 216, Leipzig 1967.
ROBINSON, E. A.: Multichannel z-transforms and minimum-delay. — Geophysics, **31**, 3, 482—500 (1966).
ROBINSON, E. A., & S. TREITEL: Principles of digital filtering. — Geophysics, **29**, 3, 395—404 (1964).
ROBINSON, J. C.: HRVA — a velocity analysis technique applied to seismic data. — Geophysics, **34**, 3, 330—356 (1969).
ROCKWELL, D. W.: The digital computer's role in the enhancement and interpretation of north sea seismic data. — Geophysics, **32**, 2, 259—281 (1967).
SATTLEGGER, J.: A method of computing true interval velocities from expanding spread data in the case of arbitrary long spreads and arbitrarily dipping plane interfaces. — Geophys. Prosp., **13**, 306—318 (1965).
SAVIT, C. H.: Preliminary report — A new stratigraphic seismogram. — Geophysics, **25**, 2, 312—321 (1960).
SCHNEIDER, W. A., & M. M. BACKUS: Dynamic correlation analysis. — Geophysics, **33**, 1, 105—126 (1968).
SCHNEIDER, W. A., E. R. PRINCE jr. & B. F. GILES: A new data-processing technique for multiple attenuation exploiting differential normal moveout. — Geophysics, **30**, 3, 348—362 (1965).
SCHNEIDER, W. A., K. L. LARNER, J. P. BURG & M. M. BACKUS: A new data-processing technique for the elimination of ghost arrivals on reflection seismograms. — Geophysics, **29**, 5, 783—805 (1964).
SEABROOKE, D. S.: Anomalous events on the reflection seismogram. — Geophysics, **26**, 1, 85—99 (1961).
SILVERMAN, D.: The digital processing of seismic data. — Geophysics, **32**, 6, 988—1002 (1967).
TRAPPE, H. J., & R. BORTFELD: Elektronische Datenverarbeitungsanlagen in der angewandten Geophysik. — Oel, 5, 152—160 (1968).
TREITEL, S., J. L. SHANKS & C. W. FRASIER: Some aspects of fan filtering. — Geophysics, **32**, 5, 789—800 (1967).
WATSON, R. J.: Decomposition and suppression of multiple reflections. — Geophysics, **30**, 1, 54—71 (1965).
WOOD, L. C.: A review of digital pass filtering. — Rev. of Geophysics, **6**, 1, 73—98 (1968).

Hydrogeologische Formeln für die Grabenentnahme bei veränderlicher Durchflußbreite

LOTHAR RICHTER, Berlin

Allgemein erfolgt die Berechnung von Grundwasserabsenkungen bei Baugruben und Tagebauen mit den bekannten DUPUITschen Gleichungen, die für radiale Fassungsanlagen bzw. für die Grabenentnahme gültig sind. Die zu berechnenden „Absenkungsfiguren" werden in einzelne Fassungsabschnitte unter Berücksichtigung der hydrologischen Verhältnisse unterteilt, die der Grabenentnahme bzw. den radialen Grundwasserfassungen zuzuordnen sind. Die unregelmäßige Fläche der zu betrachtenden „Absenkungsfigur" (Baugrube, Tagebau u. a.) wird zur Durchführung der Berechnungen auf eine einfache Fläche generalisiert. Die generalisierte Fläche der „Absenkungsfigur" kann aus einer Kreis-, Dreiecks-, Rechtecks-, Vielecksfläche u. a

Eingang des Manuskripts in der Redaktion: 16. 1. 1970.

bestehen. Es ist ratsam, die Innenradien der Fassungssektoren einer generalisierten Absenkungsfigur — wenn diese nicht einer Kreisfläche angeglichen ist — möglichst groß zu halten, um die Absenkungsreichweiten der unterschiedlichen Fassungstypen einander anzugleichen. In diesem Zusammenhang sei noch bemerkt, daß kleine Absenkungsflächen (Baugruben) in der Regel für hydrogeologische Berechnungen in Kreisflächen umgebildet werden.

In vielen Fällen können mit dieser Methode für die Praxis hinreichend genaue Berechnungsergebnisse erzielt werden. Die Berechnungen können aber auch zu größeren Ungenauigkeiten führen, wenn die tatsächliche ,,Absenkungsfigur" von der generalisierten wesentlich abweicht. Die Rechenungenauigkeiten sind zum großen Teil darauf zurückzuführen, daß die Berechnungsfiguren in Fassungsabschnitte untergliedert werden müssen, auf die nur die beiden Formeltypen — Entnahme mittels Entwässerungsgraben (Sickergalerie usw.) und mittels radial angeordneter Fassungselemente — anwendbar sind.

Nachfolgend sollen nach praktischen Gesichtspunkten Gleichungen entwickelt werden, die einen weiteren Formeltyp darstellen und anwendbar auf die Grabenentnahme mit einem sich verändernden Durchflußquerschnitt sind. Unter Berücksichtigung dieses Formeltyps lassen sich die ,,Berechnungsflächen "bei hydrogeologischen Berechnungen weit besser den tatsächlichen ,,Entwässerungsfiguren" anpassen.

Darüber hinaus soll gezeigt werden, daß der Formeltyp für die Grabenentnahme mit veränderlichem Durchflußquerschnitt auch übertragbar auf die Grundwasserabsenkung mittels radialer Fassungsanlagen ist.

Auf die Anwendung der neuentwickelten Gleichungen sei im Rahmen dieser Arbeit verzichtet. Anwendungsbeispiele aus der Praxis und Vergleiche mit anderen Berechnungsverfahren sollen zu einem späteren Zeitpunkt erörtert werden. Die Betrachtungen erfolgen für vollkommene Grundwasserfassungen unter Vernachlässigung der Sickerstrecke mit einseitigem Zulauf. Für die hydrogeologischen Gleichungen gelten die DUPUITschen Randbedingungen.

1. Grundwasserspiegel- und Entnahmegleichungen für Grundwasserleiter mit freiem Wasserspiegel

1.1. Grabenentnahme mit einer sich zur Fassung ständig verkleinernden Durchflußbreite

Es wird vorausgesetzt, daß die Entnahmebreite ,,b" an der Fassung kleiner als die Zulaufbreite ,,B" in der Entfernung R ist. (Abb. 1). Der Durchflußquerschnitt nimmt von seinem Maximalbetrag, von der Entfernung R ausgehend, linear in Richtung Grundwasserfassung ab. Die Absenkungsfläche erhält somit die Form eines Trapezes, das allen Entnahme- und Zuflußbedingungen dieses Fassungstyps angepaßt werden kann.

Entsprechung Abb. 1 gilt für die Durchflußbreite mit $B > b$

$$b_x = \frac{B-b}{R} \cdot x + b \tag{1}$$

Wird in die Durchflußgleichung

$$Q = Fv = F k_f J \tag{2a}$$

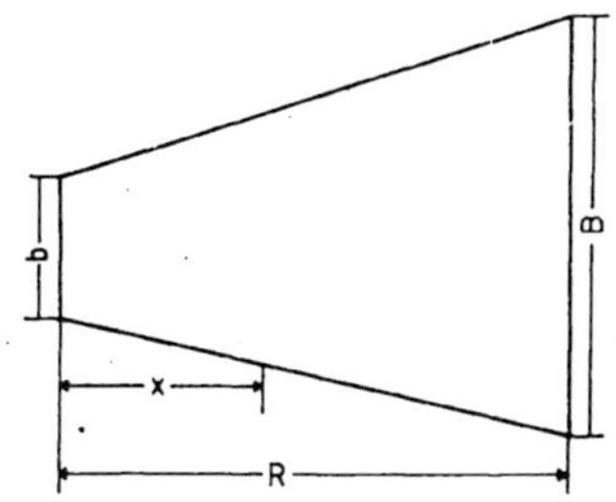

Abb. 1. Schematische Darstellung der Durchflußbreite bei der Grabenentnahme für die Bedingung $b < B$

für $J = \frac{dy}{dx}$ und $b_x = b = B = 1$ gesetzt, so ist

$$Q = k_f y \frac{dy}{dx} \tag{2b}$$

In Verbindung mit Gleichung (1) nimmt Gleichung (2b) die Form

$$Q = k_f \left(\frac{B-b}{R} \cdot x + b \right) y \frac{dy}{dx} \tag{3}$$

an. Für die Bedingung $Q =$ konstant erhält man nach Integration der Beziehung (3) in den Grenzen $x_2 = x$ und $x_1 = 0$ sowie $y_2 = y$ und $y_1 = h_0$ die Spiegelgleichung

$$y^2 = \frac{2Q}{k_f} \cdot \frac{R}{B-b} \ln \frac{b + \frac{B-b}{R} \cdot x}{b} + h_0^2 \tag{4}$$

Unter Berücksichtigung der Randbedingungen $x_2 = R$ und $y_2 = H$ sowie $x_1 = x$ und $y_1 = y$ wird

$$y^2 = H^2 - \frac{2Q}{k_f} \cdot \frac{R}{B-b} \ln \frac{B}{b + \frac{B-b}{R} \cdot x} \tag{5}$$

Die Entnahmegleichung läßt sich aus der Gleichung (3) unter Berücksichtigung der Grenzen $x_2 = R$ und $x_1 = 0$ sowie $y_2 = H$ und $y_1 = h_0$ wie folgt entwickeln:

$$Q = \frac{k_f (B-b)}{2R \ln \frac{B}{b}} \cdot (H^2 - h_0^2) \tag{6}$$

Gleichung (6) kann gleichfalls unter Berücksichtigung der entsprechenden Randbedingungen aus den Beziehungen (4) und (5) gewonnen werden.

Zu analogen Entwicklungen gelangt man, wenn die Durchflußfläche nach Abb. 2 bestimmt wird. Die Formel für die Durchflußbreite lautet:

$$b_x = \frac{B}{R_{00}} \cdot x_{00} \tag{7}$$

(Die Indizes ,,$_{00}$" und später ,,$_{aa}$" für x werden nur aus Übersichtsgründen gewählt.)

Danach läßt sich in Verbindung mit Gleichung (2b) die Ausgangsdifferentialgleichung

$$Q = k_f \frac{B}{R_{00}} x_{00}\, y \frac{\mathrm{d}y}{\mathrm{d}x} \tag{8}$$

aufstellen. Nach der Integration dieser Beziehung unter Berücksichtigung der bereits genannten Randbedingungen erhält man die Spiegelgleichungen

$$y^2 = \frac{2Q}{k_f} \cdot \frac{R_{00}}{B} \cdot \ln \frac{x_{00}}{r_{00}} + h_0{}^2 \tag{9}$$

und

$$y^2 = H^2 - \frac{2Q}{k_f} \cdot \frac{R_{00}}{B} \ln \frac{R_{00}}{x_{00}} \tag{10}$$

sowie die Entnahmegleichung

$$Q = \frac{k_f}{2} \cdot \frac{B}{R_{00}} \cdot \frac{H^2 - h_0{}^2}{\ln \frac{R_{00}}{r_{00}}} \tag{11}$$

Bei der Entwicklung dieser Beziehungen ist darauf zu achten, daß die untere Grenze von x_{00} den Wert r_{00} nicht unterschreiten darf. Die Fassung liegt in der Entfernung r_{00} eines fiktiven Schnittpunkts, der durch die beiden Strombahnen, die die Absenkungsfigur begrenzen und als gedachte Linien über den Fassungsrand hinweg verlängert sind, gebildet wird.

Da, wie zu erkennen ist, beide Formeltypen identisch sind, können folgende Gleichsetzungen vorgenommen werden:

$$\frac{R}{B-b} \ln \frac{b + \frac{B-b}{R} \cdot x}{b} = \frac{R_{00}}{B} \ln \frac{x_{00}}{r_{00}}$$

$$\frac{R}{B-b} \ln \frac{B}{b + \frac{B-b}{R} \cdot x} = \frac{R_{00}}{B} \ln \frac{R_{00}}{x_{00}}$$

$$\frac{B-b}{R \ln \frac{B}{b}} = \frac{B}{R_{00} \ln \frac{R_{00}}{r_{00}}}$$

Mit den Indizes „00" von R, x und r soll darauf aufmerksam gemacht werden, daß diese Größen auf den fiktiven Schnittpunkt der beiden verlängert gedachten äußeren Strombahnen der Absenkungsfigur zu beziehen (Abb. 2) und von den entsprechenden Größen der in Abb. 1 skizzierten Absenkungsfigur zu unterscheiden sind.

1.2. Grabenentnahme mit einer sich zur Fassung ständig vergrößernden Durchflußbreite

Im Gegensatz zu den im Abschnitt 1.1. dargestellten Entnahme- und Zuflußbedingungen nimmt der Durchflußquerschnitt, ausgehend von seiner Minimalgröße in der Entfernung R, linear in Richtung Grundwasserfassung zu (Abb. 3). Der trapezförmige Absenkungsbereich kann wiederum allen Entnahme- und Zuströmungsbedingungen dieses Fassungstyps angeglichen werden.

Gemäß Abb. 3 erhält man ebenfalls die Formeln (1) zur Bestimmung der Durchflußbreite. Es gilt jedoch in diesem Fall die Bedingung $b > B$. Damit gelten formell für diesen Fassungstyp die Gleichungen (3) bis (6).

Wird die Durchflußbreite nach Abb. 4 gebildet, so ist

$$b_x = \left(1 - \frac{x}{R_{aa}}\right) b \tag{12}$$

Die Integration der Gleichung (2b) ergibt in Verbindung mit (12) unter Berücksichtigung der Grenzen $x_2 = x$ und $x_1 = 0$ sowie $y_2 = y$ und $y_1 = h_0$ die Absenkungsgleichung

$$y^2 = \frac{2Q}{k_f} \cdot \frac{R_{aa}}{b} \ln \frac{b}{b - \frac{b}{R_{aa}} \cdot x} + h_0{}^2 \tag{13}$$

Die zweite Spiegelgleichung lautet dann für $x_2 = R_{aa} - r_{aa}$, $x_1 = x$ und $y_2 = H$, $y_1 = y$

$$y^2 = H^2 - \frac{2Q}{k_f} \cdot \frac{R_{aa}}{b} \ln \frac{b - \frac{b}{R_{aa}} \cdot x}{b - \frac{b}{R_{aa}} (R_{aa} - r_{aa})} \tag{14}$$

Die Entnahmegleichung gewinnt man aus Gleichung (2b) in Verbindung mit Gleichung (12) unter Berücksichtigung der Grenzen $x_2 = R_{aa} - r_{aa}$ und $x_1 = 0$ sowie $y_2 = H$ und $y_1 = h_0$ bzw. aus den Gleichungen (13) und (14) unter Berücksichtigung der entsprechenden Randbedingungen:

$$Q = \frac{k_f}{2} \cdot \frac{b}{R_{aa}} \cdot \frac{H^2 - h_0{}^2}{\ln \frac{b}{b - \frac{b}{R_{aa}} (R_{aa} - r_{aa})}} \tag{15}$$

Nach Abb. 4 beginnt die Absenkungsreichweite in der Entfernung r_{aa} eines außerhalb des Absenkungsbereichs gelegenen fiktiven Schnittpunkts, der durch die beiden äußeren Strombahnen des Entnahmesegments gebildet wird, die sich als gedachte Linien über die Absenkungs-

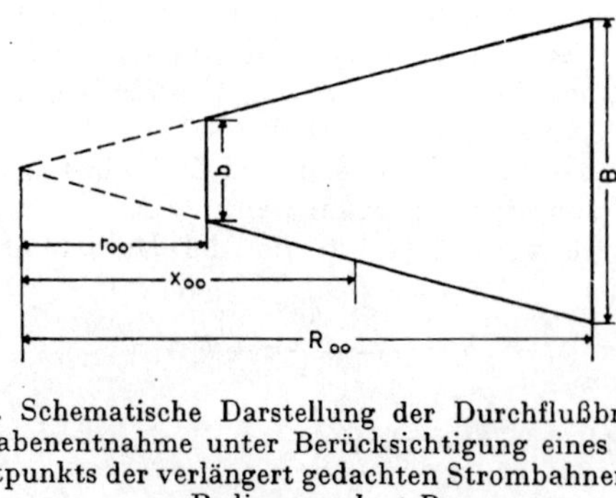

Abb. 2. Schematische Darstellung der Durchflußbreite bei der Grabenentnahme unter Berücksichtigung eines fiktiven Schnittpunkts der verlängert gedachten Strombahnen für die Bedingung $b < B$

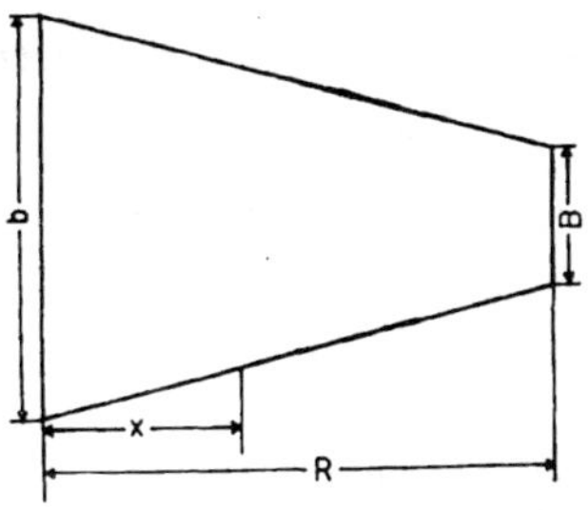

Abb. 3. Schematische Darstellung der Durchflußbreite bei der Grabenentnahme für die Bedingung $b > B$

reichweite (in diesem Fall ist $R = R_{aa} - r_{aa}$) hinaus fortsetzen lassen. Damit ist deutlich der Unterschied zur fiktiven Größe r_{00} des in Abschnitt 1.1. dargestellten Fassungstyps gegeben (siehe Abb. 2 und 4).

Da für diesen Fassungstyp wiederum beide Formeltypen identisch sind, gelten folgende Gleichsetzungen:

$$\frac{R}{B-b}\ln\frac{b+\frac{B-b}{R}\cdot x}{b} = \frac{R_{aa}}{b}\ln\frac{b}{b-\frac{b}{R_{aa}}\cdot x}$$

$$\frac{R}{B-b}\ln\frac{B}{b+\frac{B-b}{R}\cdot x}$$

$$= \frac{R_{aa}}{b}\ln\frac{b-\frac{b}{R_{aa}}\cdot x}{b-\frac{b}{R_{aa}}(R_{aa}-r_{aa})}$$

$$\frac{B-b}{R\ln\frac{B}{b}} = \frac{b}{R_{aa}\ln\frac{b}{b-\frac{b}{R_{aa}}(R_{aa}-r_{aa})}}$$

2. Grundwasserspiegel- und Entnahmegleichungen für Grundwasserleiter mit gespanntem Wasserspiegel

2.1. Grabenentnahme mit einer sich zur Fassung ständig verkleinernden Durchflußbreite

Für den Durchflußquerschnitt gelten die bereits im Abschnitt 1.1. getroffenen Festlegungen (Abb. 1). Die Ausgangsdifferentialgleichung für gespannte Grundwasserleiter lautet in Verbindung mit der Beziehung (1):

$$Q = k_f M\left(\frac{B-b}{R}x + b\right)\frac{\mathrm{d}y}{\mathrm{d}x} \tag{16}$$

Nach Integration der Gleichung (16) in den Grenzen für $x_2 = x$ und $x_1 = 0$ sowie $y_2 = y$ und $y_1 = h_0$ erhält man die Spiegelgleichung

$$y = \frac{Q}{k_f M}\cdot\frac{R}{B-b}\ln\frac{b+\frac{B-b}{R}\cdot x}{b} + h_0 \tag{17}$$

Die zweite Absenkungsgleichung lautet für die Randbedingungen $x_2 = R$, $x_1 = x$ und $y_2 = H$, $y_1 = y$:

$$y = H - \frac{Q}{k_f\cdot M}\cdot\frac{R}{B-b}\cdot\ln\frac{B}{b+\frac{B-b}{R}x} \tag{18}$$

Die Entnahmegleichung gewinnt man durch Integration der Gleichung (16) unter Berücksichtigung der Grenzen $x_2 = R$ und $x_1 = 0$ sowie $y_2 = H$ und $y_1 = h_0$:

$$Q = \frac{k_f M\,(H - h_0)}{\ln\frac{B}{b}}\cdot\frac{B-b}{R} \tag{19}$$

Wird für die Durchflußbreite Formel (7) verwendet, dann lautet die Durchflußgleichung:

$$Q = k_f M\,\frac{B}{R_{00}}\,x\,\frac{\mathrm{d}y}{\mathrm{d}x} \tag{20}$$

Nach Integration der Gleichung (20) in den bereits bekannten Grenzen erhält man folgende Beziehungen:

$$y = \frac{Q}{k_f M}\cdot\frac{R_{00}}{B}\cdot\ln\frac{x_{00}}{r_{00}} + h_0 \tag{21}$$

oder

$$y = H - \frac{Q}{k_f M}\cdot\frac{R_{00}}{B}\cdot\ln\frac{R_{00}}{x_{00}} \tag{22}$$

und

$$Q = \frac{k_f M B}{R_{00}}\cdot\frac{H-h}{\ln\frac{R_{00}}{r_{00}}} \tag{23}$$

Es gelten auch hier wiederum die bereits in Abschnitt 1.1. getroffenen prinzipiellen Aussagen.

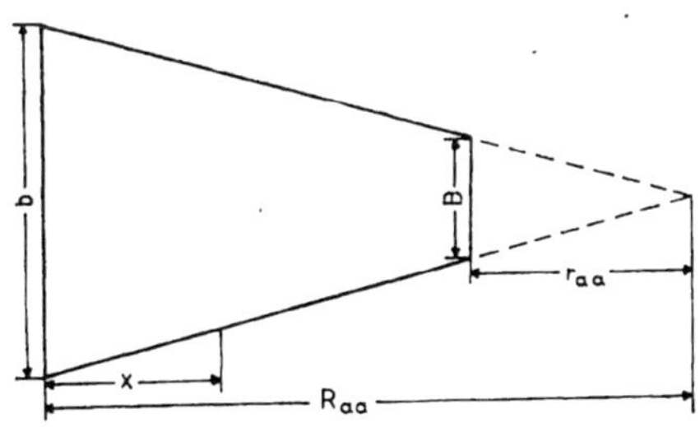

Abb. 4. Schematische Darstellung der Durchflußbreite bei der Grabenentnahme unter Berücksichtigung eines fiktiven Schnittpunkts der verlängert gedachten Strombahnen für die Bedingung $b > B$

2.2. Grabenentnahme mit einer sich zur Fassung ständig vergrößernden Durchflußbreite

Für den Durchflußquerschnitt gelten die in Abschnitt 1.2. getroffenen Festlegungen (Abb. 3).

Für den ersten Formeltyp wird die Beziehung für die Durchflußbreite (1) unter Berücksichtigung der Bedingung $b > B$ zugrunde gelegt. Formell gelten damit die schon genannten Gleichungen (16) bis (19). Wird dagegen die Durchflußbreite nach Abb. 4 mit Formel (12) bestimmt und bei der Durchflußgleichung berücksichtigt, so lautet diese für den zweiten Formeltyp:

$$Q = k_f \cdot M \left(1 - \frac{x}{R_{aa}}\right) b \frac{dy}{dx} \tag{24}$$

Unter Beachtung der bereits bekannten Grenzbedingungen lassen sich folgende Gleichungen herleiten:

$$y = \frac{Q}{k_f M} \cdot \frac{R_{aa}}{b} \ln \frac{b}{b - \frac{b}{R_{aa}} \cdot x} + h_0 \tag{25}$$

oder

$$y = H - \frac{Q}{k_f M} \cdot \frac{R_{aa}}{b} \ln \frac{b - \frac{b}{R_{aa}} x}{b - \frac{b}{R_{aa}} (R_{aa} - r_{aa})} \tag{26}$$

und

$$Q = k_f M \frac{b}{R_{aa}} \frac{H - h_0}{\ln \frac{b}{b - \frac{b}{R_{aa}} (R_{aa} - r_{aa})}}$$

Die in Abschnitt 1.2. gemachten prinzipiellen Bemerkungen zum analogen Fassungstyp für Grundwasserleiter mit freiem Wasserspiegel sind in übertragenem Sinne auch anwendbar auf Grundwasserleiter mit gespanntem Wasserspiegel.

2.3. Grabenentnahme beim Übergang des gespannten zum freien Wasserspiegel

Die hydrologischen Gleichungen für Grundwasserleiter beim Übergang von gespanntem zu freiem Wasser lassen sich auf gleicher Grundlage entwickeln. Da die Ableitungen gegenüber den beiden behandelten Grundwasserleitertypen jedoch umfangreicher sind, sollen diese Formeln zu einem späteren Zeitpunkt bekanntgegeben werden.

2.4. Grabenentnahme bei konstanter Durchflußbreite

Wird in der Gleichung (1) $B = b$ gesetzt, so gewinnt man aus der Durchflußgleichung in Verbindung mit Gleichung (1) die bekannten Beziehungen der Grabenentnahme, bezogen auf die konstante Entnahmebreite b bzw. B. Unter Verwendung der Beziehung (7) für $b_x = B$ wird $x_{00} = R_{00}$. In Gleichung (12) wird durch Gleichsetzen von $b_x = b$ die Größe $x = 0$. Mit diesen beiden Ansätzen werden die Ausgangsgleichungen ebenfalls in die bekannten Beziehungen der Grabenentnahme mit konstanter Entnahmebreite B bzw. b übergeführt. Damit sind gleichzeitig die Zusammenhänge zwischen den Gleichungen der Grabenentnahme bei konstanter und nichtkonstanter Durchflußbreite gegeben.

3. Entnahme mittels radialer Fassungsanlagen

Die vergleichenden Betrachtungen zwischen den in den vorangegangenen Abschnitten angegebenen Formeln und den Gleichungen für radiale Fassungsanlagen (Einzelbrunnen, radial angeordnete Brunnen, Entwässerungsschächte usw.) sollen auf Absenkungsanlagen beschränkt werden, bei denen sich die Durchflußbreite von der Reichweite bis zum Fassungsrand ständig verkleinert. Dabei genügt der Vergleich zwischen den Formeln des Abschnitts 1.1. mit denen radialer Fassungen. Für die Absenkungsanlagen, bei denen sich die Durchflußbreite von der Reichweite bis zum Fassungsrand ständig vergrößert, sollen entsprechende vergleichende Betrachtungen zu einem späteren Zeitpunkt vorgenommen werden, da im Rahmen dieser Arbeit auf Grund der umfassenden Thematik hierauf nicht mehr eingegangen werden kann.

Prinzipiell können die in Abschnitt 1.1. angegebenen Formeln auch für radiale Fassungen angewendet werden, wenn statt B bzw. b die entsprechenden Kreisbögen berücksichtigt werden. Gemäß Formel (1) gilt

$$\hat{b}_x = \frac{\hat{B} - \hat{b}}{R} \cdot x + \hat{b} \rightarrow 2 a \pi x_0$$

wobei $2 a \pi x_0$ auf den Mittelpunkt der Anlage bezogen ist. Damit geht die Gleichung (3) über in

$$Q = 2 a \pi k_f x_0 \, y \frac{dy}{dx} \tag{27}$$

Zu den entsprechenden Absenkungs- und Ergiebigkeitsgleichungen für radiale Fassungen gelangt man durch die Integration von Gleichung (27), bzw. man kann diese direkt aus den Gleichungen (4), (5) und (6) gewinnen, wenn beachtet wird, daß

$$\frac{\hat{B} - \hat{b}}{2R} \rightarrow a\pi$$

$$\ln \frac{\hat{B}}{\hat{b}} \rightarrow \ln \frac{R_0}{r_0}$$

$$\ln \frac{\hat{b} + \frac{\hat{B} - \hat{b}}{R} \cdot x}{\hat{b}} \rightarrow \ln \frac{x_0}{r_0}$$

$$\ln \frac{\hat{B}}{\hat{b} + \frac{\hat{B} - \hat{b}}{R} x} \rightarrow \ln \frac{R_0}{x_0}$$

wobei die rechts stehenden Glieder bereits auf den Mittelpunkt der Anlage bezogen worden sind.

Übersichtlicher erscheinen die Entwicklungen der Gleichungen für radiale Fassungen aus dem zweiten Formeltyp mit der Beziehung (7) für die Durchflußbreite. Es wird

$$\hat{b}_x = \frac{\hat{B}}{R_{00}} \cdot x_{00} \rightarrow 2 a \pi x_0$$

Man erhält wiederum die Gleichung (27), wenn b_x in der Ausgangsgleichung für die Durchflußbreite berücksichtigt wird. Für den letzten Formeltyp gilt:

$$\frac{\hat{B}}{2R_{00}} \to a\pi$$

$$\ln\frac{R_{00}}{r_{00}} \to \ln\frac{R_0}{r_0}$$

$$\ln\frac{x_{00}}{r_{00}} \to \ln\frac{x_0}{r_0}$$

$$\ln\frac{R_{00}}{x_{00}} \to \ln\frac{R_0}{x_0}$$

Damit lassen sich unmittelbar aus den Gleichungen (9), (10) und (11) die Absenkungs- und Entnahmegleichungen ableiten. Wie zu erkennen ist, können die Beziehungen dieses Typs der Grabenentnahme direkt in die Gleichungen des radialen Typs übergeführt werden.

4. Verlauf der Absenkungskurven

In Abb. 5 werden schematisch die Absenkungskurven einer Grabenentnahme für den freien Wasserspiegel mit einer sich zur Fassung ständig verkleinernden Durchflußbreite dargestellt. Zum Vergleich sind ebenfalls die Absenkungskurven einer Grabenentnahme mit konstanter Durchflußbreite sowie einer radialen Absenkungsanlage bei gleichen hydrogeologischen Verhältnissen skizziert worden. Die Spiegelkurve der Grabenentnahme mit der sich verkleinernden Durchflußbreite liegt zwischen den Spiegelflächen der Grabenentnahme mit konstanter Durchflußbreite und der radialen Absenkungsanlage.

Auf die Darstellung von Absenkungskurven der Grabenentnahme einer sich zur Fassung ständig vergrößernden Durchflußbreite wird aus bereits genannten Gründen an dieser Stelle verzichtet.

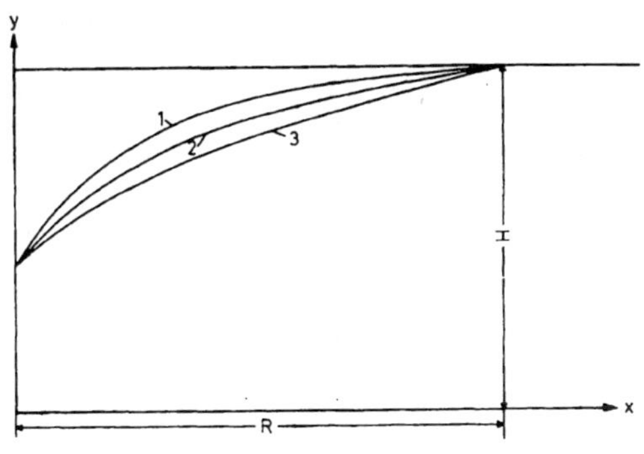

Abb. 5. Schematische Darstellung der Absenkungskurven
1 – radiale Absenkungsanlage, 2 – Grabenentnahme $b < B$, 3 – Grabenentnahme $b = B$

5. Hydrogeologische und geometrische Größen und ihre Dimensionen

B — Durchflußbreite am Absenkungsrand, in m;
b — Durchflußbreite am Fassungsrand, in m;
b_x — Durchflußbreite in der Entfernung x;
$\hat{B}, \hat{b}, \hat{b}_x$ — wie vor, jedoch bezogen auf den Kreisbogen;
F — Durchflußbreite, in m²;
H — Höhe des Ruhegrundwasserspiegels über der undurchlässigen Schicht, in m;
h_0 — Höhe des abgesenkten Grundwasserspiegels über der undurchlässigen Schicht, in m;
I — Grundwassergefälle [—];
k_f — Durchlässigkeitsbeiwert, in m/s;
M — Grundwasserleitermächtigkeit, in m;
Q — Grundwasserfördermenge, in m³/s;
R — Absenkungsreichweite, in m, bei der Grabenentnahme;
R_0 — Absenkungsreichweite, in m, bei radialen Fassungsanlagen, gemessen vom Mittelpunkt der Anlage;
r_0 — Radius der Absenkungsanlage (Innenradius), in m;
v — Filtergeschwindigkeit, in m/s;
x, y — Koordinaten eines beliebigen Punktes auf der Absenkungslinie.

Indizes von R, r und x
$_{00}$ — bezogen auf den fiktiven Schnittpunkt außerhalb des Fassungsrandes;
$_{aa}$ — bezogen auf den fiktiven Schnittpunkt außerhalb des Absenkungsbereiches (Absenkungsreichweite)

6. Schlußbetrachtungen

An dieser Stelle sei nochmals hervorgehoben, daß die dargestellten Formeln ausschließlich unter einem praktischen Aspekt zu sehen sind. Sie dienen der Praxis bei der Berechnung von Grundwasserzuflüssen und -absenkungen bei stationären Strömungsverhältnissen und veränderlicher Durchflußbreite.

Wie zu erkennen, erfolgen die Ableitungen der erläuterten Formeln unter der Voraussetzung, daß die Grundwasserströmungsbilder generalisiert bzw. vereinfacht werden. Um die hierbei auftretenden Fehler gering zu halten, sind die Absenkungsflächen mit gleichschenkliger Trapezform festzulegen und der durch die beiden gleichen Schenkel eingeschlossene Winkel außerhalb der Fassung bzw. des Absenkungsbereichs ist klein zu halten. Über die Erfassung der Absenkungskoordinaten in räumlicher Sicht sei zu gegebener Zeit mehr gesagt.

Bei der Anwendung der Gleichungen ist zu empfehlen, den Formeltyp zu wählen, der auf die Durchflußbreitengleichung (1) zurückgeführt werden kann. Damit entfallen die Bestimmungen von R_{00} bzw. R_{aa} und dem zwischen beiden Trapezschenkeln liegenden Winkel. Es können dann einheitliche Formeltypen angewendet werden.

Zusammenfassung

Es werden nach praktischen Gesichtspunkten Entnahme- und Absenkungsgleichungen hergeleitet, mit denen hydrogeologische Berechnungen für die Grabenentnahme bei veränderlicher Durchflußbreite durchgeführt werden können.

Ein Vergleich zwischen den neuhergeleiteten Formeln und denen der Grabenentnahme sowie radialen Fassungsanlagen zeigt die Zusammenhänge zwischen den verschiedenen hydrogeologischen Beziehungen.

Резюме

Исходя из практических нужд, выводятся уравнения водозабора и понижения уровня, с помощью которых можно сделать гидрогеологические подсчеты для водозабора канавой при непостоянном сечении протока.

Сравнение новых формул с формулами, применяемыми при водозаборе канавой и при радиальном каптажном устройстве раскрывают взаимоотношения между различными гидрогеологическими связями.

Summary

Equations for borrowing and lowering are derived with reegard to practical aspects, by which hydrogeological calculations can be made for borrowing from ditches with a variable width of flow.

By comparing the newly derived formulas with those expressing the borrowing from ditches and intake plants relations are shown between the various hydrogeological connections.

Statistische Begründung des Zusammenhangs metallogenetischer Faktoren

R. M. KONSTANTINOW, UdSSR

Für die Erarbeitung metallogenetischer Prognosen ist die Analyse einer großen Anzahl verschiedenartiger geologischer Daten erforderlich. Werden dabei zwei oder mehrere Merkmalsgruppen miteinander in Verbindung gebracht, so entstehen häufig Vorstellungen über die Zusammenhänge zwischen diesen Erscheinungen.

So wird zum Beispiel auf gesetzmäßige Zusammenhänge zwischen Titanlagerstätten und ihrer regionalen geologisch-strukturellen Position, zwischen mineralischen Rohstoffarten und dem Stoffbestand der magmatischen Formationen usw. hingewiesen. Hierbei stützen sich die Autoren auf eine mehr oder weniger große Anzahl von Beispielen, die die erarbeiteten Vorstellungen bestätigen. Diese Art der Verallgemeinerungen durch unsere führenden Metallogenetiker hat große Bedeutung für die Festlegung der Richtungen der Such- und Erkundungsarbeiten.

Zur Zeit hat sich bereits ein großes Faktenmaterial angesammelt, das in einigen Fällen eine statistische Begründung vieler Vorstellungen über den Zusammenhang zwischen den verschiedenen Faktoren der Erzbildung erlauben würde. Leider wird davon jedoch kein Gebrauch gemacht. Die Anzahl solcher Vorstellungen wächst von Jahr zu Jahr, die Bewertung des Grades der verschiedenen Zusammenhänge bleibt jedoch im wesentlichen subjektiv.

Ohne den Wert empirischer Verallgemeinerungen, die vor allem in den ersten Untersuchungsetappen besondere Bedeutung haben, zu mindern, müssen wir jedoch feststellen, daß ein großer Teil metallogenetischer Konstruktionen, die in der Hauptsache auf empirischen Daten beruhen, statistischen Charakter tragen. Nachdem sich ein ausreichendes Faktenmaterial angesammelt hat, ist es angebracht und sogar unbedingt erforderlich, zu seiner Analyse die entsprechenden Methoden der mathematischen Statistik anzuwenden.

Um eine hohe Wahrscheinlichkeit der Prognosen zu erreichen, müssen die metallogenetischen Hypothesen statistisch gut begründet sein.

Das Gesagte bezieht sich in erster Linie auf großmaßstäbliche metallogenetische Untersuchungen, bei denen für große Territorien charakteristische Typen von Erzbezirken und Erzformationen untergliedert und konkrete Prognosen gestellt werden.

Es existieren ausreichend einfache statistische Methoden, die eine Bewertung des Grades der angenommenen metallogenetischen Zusammenhänge und eine Einschätzung der Wahrscheinlichkeit der auf ihrer Grundlage gestellten Prognosen erlauben. Eine dieser Methoden wird weiter unten betrachtet; ihre Anwendung zur Überprüfung einiger mit Fragen der Erzbildung zusammenhängender Hypothesen wird gezeigt.

Bei der Anwendung statistischer Methoden ist die Bearbeitung einer großen Anzahl von Daten erforderlich. Dazu müssen wenigstens die einfachsten der modernen Methoden der Informationsorganisation herangezogen werden. Von uns (KONSTANTINOW 1966) wurden für die Auswahl und die anschließende Weiterbearbeitung der geologischen Informationen über die Erzlagerstätten Lochkarten mit randlicher Perforation benutzt.

Die geeignetste statistische Methode ist offensichtlich der χ^2-Test (nach PEARSON), der besonders für die Prüfung des Zusammenhangs zwischen zwei beliebigen Klassifikationen oder allgemein zwischen zwei Merkmalsgruppen anwendbar ist (VAN DER WAERDEN 1960).

In einigen Fällen steht die aufgestellte Hypothese über bestimmte Abhängigkeiten in offensichtlichem Widerspruch zu den empirischen Werten. Falls sie jedoch mit dem Test nicht abgelehnt wird, so ist damit noch nicht ihre Richtigkeit bewiesen, sondern es wird lediglich festgestellt, daß die Hypothese den empirischen Werten nicht widerspricht.

Die Berechnungsmethode für den χ^2-Test besteht aus folgenden Operationen:

Tabelle 1

Klassifikation II / Klassifikation I		Klassen D	Klassen E	Klassen F	Gesamt
Klassen	A	a	b	c	$a+b+c$
	B	d	e	f	$d+e+f$
	C	g	h	j	$g+h+j$
	Gesamt	a+d+g	b+e+h	c+f+j	$h=\sum a+b+\cdots+$

Aus: „Sowjetskaja Geologija", Heft 2, S. 119–124, Moskau 1969.
Übers.: Dr. GERHARD LANGE, Gera.
Eingang des Manuskripts in der Redaktion: 28. 11. 1969.

1. Aufstellung einer sogenannten Kontingenztafel (Tab. 1). In dieser Tabelle werden Objekte zusammengefaßt, die gleichzeitig durch zwei in irgendeiner Weise klassifizierbare Merkmalsgruppen charakterisiert sind.

$a, b, \ldots j$ — Anzahl der Objekte, die gleichzeitig den Forderungen von zwei Klassen der zu vergleichenden Klassifikationen entsprechen.

2. Berechnung der Anzahl der Objekte, die in den Feldern der Tabelle enthalten wären, wenn kein Zusammenhang zwischen den beiden Klassifikationen bestünde, d. h., zum Vergleich mit den erhaltenen Ergebnissen wird eine Null-Hypothese über die Unabhängigkeit der beiden zu betrachtenden Klassifikationen aufgestellt.

Die Berechnung der Anzahl der Objekte (mathematische Erwartung) für die Felder mit dem beobachteten Merkmal a wird nach Formel (1) durchgeführt.

$$a_1 = \frac{(a+b+c)\,(a+d+g)}{\sum a+b+\cdots+j} \qquad (1)$$

In der gleichen Weise werden die Erwartungswerte für alle anderen Felder der Tabelle $(b_1, c_1, \ldots j_1)$ berechnet.

3. χ^2 wird nach Formel (2) berechnet.

$$\chi^2 = \frac{(a-a_1)^2}{a_1} + \frac{(b-b_1)^2}{b_1} + \cdots \colon \frac{(j-j_1)^2}{j} \qquad (2)$$

4. Die Anzahl der Freiheitsgrade k für χ^2 wird berechnet, d. h. der Anzahl der voneinander unabhängigen Werte in der Kontingenztafel.

Am einfachsten wird diese Zahl nach Formel (3) bestimmt,

$$k = (r-1)\,(l-1) \qquad (3)$$

wobei

r — Anzahl der Zeilen,

l — Anzahl der Spalten in der Tabelle sind.

Zu bemerken ist, daß die Anwendung des χ^2-Testes einigen Beschränkungen unterliegt, insbesondere dürfen die Erwartungswerte nicht unter 5 und die Anzahl der Freiheitsgrade nicht über 30 liegen. Werden diese Bedingungen nicht eingehalten, müssen einige Zeilen und Spalten in der Kontigenztafel vereinigt werden.

Nach der Berechnung der Werte für χ^2 und k können aus Tabellen in entsprechenden Handbüchern (WENTZEL 1964) die Wahrscheinlichkeiten, mit denen die Unterschiede zwischen theoretischen und empirischen Daten nur zufällig sind, entnommen werden. Die Wahrscheinlichkeiten werden gering, wenn die aus empirischen Daten ermittelten χ^2-Werte über den Tabellenwerten für die gleiche Anzahl von Freiheitsgraden bei einer Irrtumswahrscheinlichkeit von 0,1% liegen. Die Null-Hypothese wird abgelehnt, oder mit anderen Worten, die Hypothese über die Abhängigkeit zwischen zwei Klassifikationen widerspricht nicht den empirischen Angaben.

Der Grad der Abhängigkeit zwischen zwei Klassifikationen kann aus dem Ausdruck $\frac{\chi^2}{n}$ berechnet werden, wobei n die Gesamtzahl aller Objekte ist. Zum Vergleich der Grade der Abhängigkeiten in Kontigenztafeln mit unterschiedlichen Freiheitsgraden kann die Größe $\frac{\chi^2}{n(r-1)\,(l-1)} = \frac{\chi^2}{nk}$ benutzt werden.

Wie aus dem Obendargelegten ersichtlich ist, sind für den χ^2-Test sehr umfangreiche Berechnungen erforderlich. Ihre Schwierigkeit wächst mit der Anzahl der Freiheitsgrade und der Menge der zu betrachtenden Objekte. Jedoch können bei Einsatz selbst der einfachsten z. Z. bekannten Rechenautomaten die Ergebnisse in kürzester Zeit erhalten werden.

Möglich ist auch die Anwendung des einfacheren KOLMOGOROW-Testes, der nach Formel (4) berechnet wird:

$$D = \max./F^*(x) - F(x)/\chi \qquad (4)$$

wobei

$F^*(x)$ — empirische statistische Verteilungsfunktion,

$F(x)$ — die entsprechende theoretische Verteilungsfunktion sind.

Die Anwendung des genannten Testes erfordert jedoch die Bestimmung der theoretischen Verteilungsfunktion. Hierzu sind einige Kenntnisse auf dem Gebiet der mathematischen Statistik erforderlich, deren Darlegung weit über den Rahmen dieser Arbeit hinausginge.

Betrachten wir nun Anwendungsbeispiele des χ^2-Testes zur Überprüfung einiger für übliche metallogenetische Hypothesen typischer Annahmen. So werden zur Charakteristik zinnführender Formationen und der Gesetzmäßigkeiten ihrer Verteilung Vorstellungen über Zusammenhänge zwischen den verschiedenen Erzformationen und dem Stoffbestand des Nebengesteins angewendet. Mit Hilfe von Handlochkarten mit verschlüsselten Angaben über Zinnlagerstätten verschiedener Formationen läßt sich leicht eine Kontigenztafel aufstellen, mit der die Abhängigkeit zwischen Zinnformationen und dem Stoffbestand des Nebengesteins aufgedeckt werden kann (Tab. 2).

Tabelle 2

Lithologischer Bestand der Gesteine	Kalke Dolomite, Marmore	Kohlige und tonige Schiefer, saure Effusiva	Sandstein	Saure Intrusiva oder subvulkanische Körper, Hornfelse	Gesamt
Erzformationen:					
Quarz-Kassiterit	$7_{(17)}$	$17_{(31)}$	$13_{(16,9)}$	$41_{(23,2)}$	78
Silikat-Kassiterit	$4_{(4,4)}$	$15_{(15)}$	$12_{(8,5)}$	$8_{(11,7)}$	39
Sulfid-Kassiterit	$7_{(17,6)}$	$48_{(34)}$	$19_{(18,6)}$	$12_{(25,9)}$	86
Gesamt:	18	80	44	61	203

In den Feldern der Tab. 2 ist die Anzahl der Lagerstätten einer bestimmten Zinnformation angegeben, die in einer bestimmten Klasse der Nebengesteine festgestellt wurde. In Klammern steht die Anzahl der Objekte, die bei Fehlen einer Abhängigkeit zwischen Zinnformation und Stoffbestand des Nebengesteins vorhanden wäre (eine vermutete Anzahl von Objekten). Es ist leicht zu ersehen, daß es für die Silikat-Kassiterit-Formation schwierig ist, aus den vorhandenen Daten über eine derartige Abhängigkeit zu urteilen, da die vermutete Anzahl von Objekten hier nahe der tatsächlichen liegt und die berechnete Anzahl der Lagerstätten nicht sehr hoch ist. In der Quarz-Kassiterit- und in der Sulfid-Kassiterit-Formation ist jedoch die Differenz zwischen den tatsächlichen und den erwarteten Werten groß. Hieraus kann geschlossen werden, daß für Lagerstätten der Quarz-Kassiterit-Formation am günstigsten Nebengesteine vom Typ der hypabyssischen Intrusiva oder subvulkanische Körper des gleichen Stoffbestandes, Hornfelse, für die Sulfid-Kassiterit-Formation kohlige und tonige Schiefer und saure Effusiva sind.

Die Berechnung von χ^2 nach der obenbeschriebenen Methode ergibt den Wert 49,3. Die Anzahl der Freiheitsgrade ist $k = 2 \times 3 = 6$. Der Tabellenwert für χ^2 ist bei 6 Freiheitsgraden und einer Wahrscheinlichkeit $p = 0{,}001$ gleich 22,5. Da der für χ^2 gefundene Wert bedeutend über dem Tabellenwert liegt, ist anzunehmen, daß die Hypothese über einen Zusammenhang zwischen der Quarz-Kassiterit- und der Sulfid-Kassiterit-Formation einerseits und dem Stoffbestand der Nebengesteine andererseits dem vorhandenen Faktenmaterial entspricht.

Ein anderes Beispiel ist das Verhältnis zwischen den verschiedenen Typen der Erzmineralisation. Den mit der Untersuchung von Zinn- und Goldlagerstätten beschäftigten Geologen ist gut bekannt, daß in Zinnerzen hydrothermaler Lagerstätten Gold sehr selten angetroffen wird, fast ebenso selten wird Kassiterit in den Erzkörpern endogener Goldlagerstätten entdeckt. Diese Trennung der beiden Elemente in verschiedene Erzkörper wird sogar in solchen Fällen beobachtet, wenn sich Zinn- und Goldvorkommen innerhalb des gleichen Erzfeldes konzentrieren. Selbst wenn in Zinnerzen Gold und in Golderzen Kassiterit festgestellt wird, so bilden sie seltene, schwer entdeckbare Minerale. Es erhebt sich die Frage, ob diese Verteilung zufällig ist oder ob der endogene geochemische Prozeß zu ihrer Trennung führte. Die Prüfung der letzteren Hypothese kann ebenfalls mit Hilfe des χ^2-Testes durchgeführt werden. Hierzu wurden die nachfolgend angeführten Daten benutzt. Diese wurden aus der Literatur entnommen und mit Hilfe von Lochkarten mit verschlüsselten Angaben über den Mineralbestand der Zinn- und Goldlagerstätten in verschiedenen Gebieten der Erde aufbereitet (Tab. 3).

Für Tab. 3, die aus je zwei Spalten und Zeilen besteht (sog. 2 × 2-Tafeln), wird die Berechnung von χ^2 nach einer etwas vereinfachten Formel durchgeführt:

$$\chi^2 = \frac{n(ad - bc)^2}{(a+b)(c+d)(a+c)(b+d)} \text{ d. h.}$$

$$\chi^2 = \frac{470\,(250 \cdot 200 - 14 - 6)^2}{264 \cdot 206 \cdot 256 \cdot 214} = 95 \qquad (5)$$

Tabelle 3

Erzmineral / Lagerstätten	Kassiterit	Gold und goldhaltige Mineralien	Summe
Zinnlagerstätten	250	14	264
Goldlagerstätten	6	200	206
Summe:	256	214	470

Der erhaltene χ^2-Wert liegt wesentlich über allen Tabellenwerten von χ^2 für $k = 1$.

Folglich widersprechen die erhaltenen Daten nicht der Annahme eines geochemischen Prozesses, der unter endogenen Bedingungen Zinn und Gold trennt.

Betrachten wir schließlich noch ein Beispiel, in dem die Zusammenhänge zwischen den verschiedenen Charakteristika von Zinnlagerstätten analysiert werden.

Es soll geprüft werden, ob ein Zusammenhang zwischen der Morphologie der Erzkörper und dem lithologischen Bestand der Nebengesteine besteht (Tab. 4).

In Tab. 4 sind, wie bereits in den vorhergehenden Beispielen, in Klammern die entsprechenden mathematischen Erwartungswerte angeführt, die unter der Annahme über das Fehlen eines Zusammenhangs zwischen zwei untersuchten Merkmalsreihen erhalten werden. Bereits ein einfacher Vergleich dieser erwarteten Werte zeigt, daß sie im wesentlichen nahe den erhaltenen empirischen Daten liegen. Eine gewisse Abweichung ist bei den Kalken zu beobachten, wo die Anzahl der Lager und Schlote den Erwartungswert bedeutend übersteigt. Weil aber für die Kalke in vielen Fällen (wegen der geringen Anzahl der betrachteten Beispiele) die Erwartungswerte unter 5 liegen, kann der χ^2-Test zur Prüfung der gesamten Tabelle nicht angenommen werden.

Die vorhandenen Angaben erlauben die Überprüfung der Glaubwürdigkeit eines Zusammenhanges zwischen den morphologischen Mineralisationstypen (Stockwerken und Gangzonen, Gängen und mineralisierten Brekzienzonen) mit anderen Nebengesteinstypen (kohligen und tonigen Schiefern, Sandsteinen und sauren Eruptivgesteinen). Man kann sich leicht davon überzeugen, daß in diesem Falle die Erwartungswerte fast vollständig mit den empirischen übereinstimmen.

Gewisse Abweichungen werden nur für Stockwerke und mineralisierte Zonen beobachtet.

Die Berechnungen ergeben für diesen Fall $\chi^2 = 4{,}79$ bei $k = 4$ Freiheitsgraden. Der Tabellenwert für χ^2 bei einer Irrtumswahrscheinlichkeit von 0,05 liegt bedeutend über dem berechneten und ist gleich 9,49.

Es kann darum damit gerechnet werden, daß Zusammenhänge zwischen der angenommenen Klassifikation des lithologischen Bestandes der Gesteine und der Morphologie der Erzkörper fehlen.

Folgende Schlußfolgerungen können gezogen werden:

1. Die Mehrzahl der metallogenetischen Konstruktionen, besonders die großmaßstäblichen, wird durch ihre Autoren nur mit einigen Beispielen begründet. Die Gesetzmäßigkeiten der Verteilung von Lagerstätten nutzbarer Rohstoffe in der Erdrinde sind jedoch vor allem statistische. Es ist deshalb offensichtlich, daß die erarbeiteten und neuzuerarbeitenden metallogenetischen Hypothesen in erster Linie statistisch begründet

Zeitschrift für angewandte Geologie, Bd. 16 (1970), Heft 4

Tabelle 4

Morphologie der Erzkörper	Stockwerke	Gänge	Gangzonen	Mineralisierte Brekzienzonen	Lager und Stöcke	Gesamt
Stoffbestand der Nebengesteine:						
Kalke, Dolomite, Marmore	$2_{(2)}$	$7_{(12)}$	$0_{(1,1)}$	$4_{(3)}$	$6_{(0,9)}$	19
kohlige und tonige Schiefer	$9_{(9,4)}$	$59_{(55)}$	$6_{(5,3)}$	$12_{(14,5)}$	$2_{(4,3)}$	90
Sandstein	$9_{(6,3)}$	$35_{(38)}$	$6_{(3,6)}$	$10_{(9,6)}$	$0_{(2,8)}$	60
saure und intermediäre Eruptivgesteine	$4_{(5,5)}$	$44_{(39)}$	$2_{(3,8)}$	$9_{(10)}$	$3_{(3)}$	62
Gesamt:	24	145	14	37	11	231

werden müssen. Die Zuverlässigkeit und Genauigkeit der prognostisch-metallogenetischen Forschungen werden dadurch erhöht.

2. Die Prüfung der statistischen Sicherheit vieler metallogenetischer Hypothesen kann leicht vor allem mit dem χ^2-Test durchgeführt werden. Einige Berechnungsmethoden für dieses Testverfahren sind oben beschrieben.

Abschließend sei noch bemerkt, daß das Ziel der vorliegenden Ausführungen vor allem darin besteht, Methoden zu zeigen, die eine Bewertung der statistischen Sicherheit metallogenetischer Hypothesen erlauben. Wir haben bewußt nicht versucht, von dieser Position aus prinzipiell wichtige und zur Zeit von der Mehrzahl der Forscher anerkannte metallogenetische Hypothesen zu beurteilen. Nach unserem Vorschlag sollte das getan werden, wenn für eine statistische Charakteristik der genannten Hypothesen das erforderliche Material gesammelt worden ist.

Literatur

KONSTANTINOW, R. M.: Über die Anwendung von Lochkarten bei der Untersuchung endogener Erzlagerstätten. – Geologie der Erzlagerstätten, Nr. 2, Moskau 1966.

WAERDEN, B. L. VAN DER: Mathematische Statistik. – (Übersetzung aus dem Deutschen), Verl. für fremdsprachige Literatur, Moskau 1960.

WENTZEL, E. S.: Wahrscheinlichkeitstheorie. – VEB dt. Verl. Wiss., Berlin 1966.

Grundwassererkundung und Geophysik – Stand und Aufgaben gemeinsamer Arbeit

Ein Tagungsbericht

GERALD MILDE & BERNHARD FORKMANN, Freiberg (Sachs.)

(Sektion Geowissenschaften der Bergakademie Freiberg, Sektionsveröffentlichung Nr. 99)

Einleitung

Vom 24. bis 29. September 1969 fand in Budapest, veranstaltet von der Internationalen Assoziation der Hydrogeologen (IAH) und dem Ungarischen Nationalkomitee für das Internationale Hydrologische Dezennium, ein Expertentreffen über die „Kooperationsbeziehungen zwischen Hydrogeologen und Geophysikern bei der Grundwassererkundung" statt. Das wissenschaftliche Programm sah neben sieben Vorträgen und einer anschließenden Diskussion der Vorträge auch die Vorführung geophysikalischer Geräte und Verfahren im Gelände vor.

Die bei der Grundwassererkundung eingesetzten geophysikalischen Verfahren haben ihre Bewährungsprobe längst bestanden. Die sinnvolle Einbeziehung verschiedener geophysikalischer Messungen in alle Erkundungsetappen bedarf daher heute insbesondere unter ökonomischen Gesichtspunkten keiner Rechtfertigung mehr.

Es soll eine kurze Darstellung bedeutsamer Ergebnisse bei der Anwendung herkömmlicher geophysikalischer Verfahren und neuerer Entwicklungen gegeben werden, die auf dieser Tagung mitgeteilt worden sind. Aus den Darlegungen ergeben sich weitreichende Schlußfolgerungen für die hydrogeologischen Erkundungsarbeiten in der DDR.

Wichtigste Erkenntnisse aus den Vorträgen

Für den erfolgreichen Einsatz der Geophysik bei hydrogeologischen Erkundungsaufgaben kommt der echten Gemeinschaftsarbeit zwischen Geologen und Geophysikern eine entscheidende Bedeutung zu (H. FLATHE: Des Geophysikers Aufgabe in der Gemeinschaftsarbeit für die Grundwasserprospektion). Die Notwendigkeit der Zusammenarbeit läßt sich z. B. an einem Potentialverfahren (Geoelektrik) erläutern,

Eingang des Manuskripts in der Redaktion: 15. 12. 1969.
Siehe auch Besprechung Seite 211

da der Geophysiker nur in ständigem Kontakt mit dem hydrogeologischen Bearbeiter die Einschränkung dieses Verfahrens bezüglich der Äquivalenz überwinden kann. Die Probleme des Kennwertkontrastes, der Bohrungsanschlüsse, der Eichmessungen usw. erfordern die enge Gemeinschaftsarbeit in gleichem Maße.

Die in der hydrogeologischen Erkundung eingesetzten Verfahren der Elektrik und Seismik sind derart ausgefeilt, daß im Bereich der Methodik keine wesentlichen Fortschritte mehr zu erwarten sind. Die Entwicklung konzentriert sich daher auf die Verbesserung der apparativen Ausrüstung und die Einführung moderner Interpretationsverfahren. So sind z. B. mit Hilfe eines leichttransportablen Computers theoretische geoelektrische Musterkurven von im Maximum 15 Schichtenfällen innerhalb weniger Minuten zu berechnen. Es ist besonders auf die damit gegebene Möglichkeit hinzuweisen, mit vertretbarem Zeitaufwand eine Vielzahl denkbarer Schichtenfälle durchzurechnen. Damit gewinnt die Aussage entscheidend an Präzision und Sicherheit. Erst der Einsatz derartiger moderner Rechenhilfsmittel versetzt den Geophysiker in die Lage, die anfallenden Informationen weitestgehend auszuschöpfen.

Eindrücklich konnte nachgewiesen werden (OGILVY: Grundaspekte für die Anwendung geophysikalischer Methoden bei hydrogeologischen Untersuchungen), daß eine Vielzahl physikalischer Parameter zur Verfügung steht, auf deren Grundlage geophysikalische Messungen Beiträge zur Lösung nahezu aller hydrogeologischen Aufgabenstellungen liefern können. Besonders hervorzuheben sind Methoden zur Strukturerkundung, wobei die Erfassung des Grundwasserspiegels eine wichtige Rolle spielt. Es sind weiter zu erwähnen: Methoden zur Kennwertbestimmung, Methoden zur Beobachtung der Grundwasserströmung, Methoden zur Ermittlung der Salinität des Grundwassers. In diesem Zusammenhang ist auf Möglichkeiten der Abgrenzung hydrodynamischer Zonen und der Auskartierung von Süßwasserlinsen in Küsten- und Wüstengebieten hinzuweisen.

Die geophysikalischen Bohrlochmeßverfahren nehmen in ihrer Bedeutung bei hydrogeologischen Erkundungen ständig zu (W. SCOTT KEYS: Die Rolle der Bohrlochgeophysik in der Hydrogeologie). In den Vereinigten Staaten werden im Jahresdurchschnitt ca. 500000 Bohrungen niedergebracht, deren geophysikalische Vermessung ca. 150 Bohrlochmeßbetrieben obliegt. Im Mittelpunkt der geophysikalischen Vermessung hydrogeologischer Erkundungsbohrungen stehen die Erfassung der lithologischen Verhältnisse, die indirekte Annäherung der Permeabilität, die Geometrie der Grundwasserlagerstätte, die Charakterisierung der Bewegung des Grundwassers im Leiterkomplex und die hydrochemischen Bedingungen. Als geophysikalische Bohrlochverfahren stehen zur Anwendung in der Hydrogeologie visuelle, mechanische, radioaktive, akustische, elektrische, magnetische und thermische Verfahren zur Verfügung. An neuen Techniken geophysikalischer Bohrlochmessungen, die bei hydrogeologischen Erkundungsbohrungen zum Einsatz kommen, sind zu nennen:

1. das „Neutron-Life-time-Log“ zur Porositätsbestimmung,

2. das Neutronenaktivierungsverfahren zur Bestimmung chemischer Gehalte,

3. die Anwendung des Kernresonanzverfahrens im Bohrloch zur Annäherung der effektiven Porosität und Permeabilität,

4. die Messung der induzierten Polarisation im Bohrloch zur genaueren Erfassung der Tongehalte.

Die geophysikalischen Bohrlochmeßmethoden werden in erster Linie als Korrelations- und Parameterbestimmungsverfahren, aber auch als technische Bohrlochmeßverfahren angewandt. Daneben sind die Ergebnisse der Bohrlochgeophysik eine wichtige Grundlage für die Interpretation der geophysikalischen Oberflächenverfahren und für die direkte Anwendung bei der Analogiemodellierung. Dem synergistischen Charakter der Bohrlochmessungen wird bereits heute auch bei ihrer Anwendung im Fachbohrbereich dadurch Rechnung getragen, daß kombinierte Messungen in Form von Standardprogrammen eingesetzt werden.

Einen besonderen Aufschwung hat der Einsatz der Computertechnik genommen, mit deren Hilfe eine komplexe Verarbeitung von Ergebnissen der Bohrlochmessungen vieler Bohrungen, Ergebnissen der Oberflächengeophysik, der geologischen Aufnahme usw. bis hin zur automatischen Auszeichnung lithologischer Karten, geologischer Profile und anderer Planauswertungen erfolgt.

Die Ausrüstung für geophysikalische Bohrlochmessungen in der Hydrogeologie zeigt den Trend vom mehradrigen zum einadrigen Kabel und von der fahrzeugmontierten zur tragbaren Apparatur. Dabei wird das heute schon erreichte Konstruktionsprinzip charakterisiert durch kleines Format (Handkoffergröße), geringes Gewicht (20 kg), ökonomische Fertigungspreise (5000 Dollar), die Anwendungsmöglichkeit unter einer breiten Varietät von Feldbedingungen, eine Teufenreichweite von 300 m, eine einfache Handhabung und geringe Sondendurchmesser (2 bis 4 cm).

Aus Einzelberichten über die Anwendung geophysikalischer Oberflächenverfahren bei hydrogeologischen Objekten in verschiedenen Gebieten Europas ergab sich, daß vorwiegend widerstandsgeoelektrische und refraktionsseismische Verfahren auf folgende Hauptproblemstellungen angewandt werden:

1. Abgrenzung von Süß- und Salzwasserkomplexen in Küstengebieten,

2. spezielle Anwendung geophysikalischer Methoden bei der Grundwassererkundung in Karstgebieten, in Verbreitungsräumen anderer Festgesteine und in Lockergesteinsgebieten,

3. geophysikalische Methoden zur Kartierung des Grundgebirges als basalem Wasserstauer im Bereich größerer Grundwasserbecken,

4. geophysikalische Kartierung der Grundwasseroberfläche,

5. geophysikalische Ermittlung der Gesamtmineralisation bzw. in speziellen Fällen der Gesamthärte.

Von den einzelnen Landesbeiträgen erschienen bemerkenswert:

1. Niederlande: Bei den zum Einsatz kommenden geophysikalischen Verfahren in der Grundwassererkundung herrschen geoelektrische Methoden bei weitem vor. Die Feststellung ist besonders deshalb be-

achtenswert, da diese Entwicklung im Gegensatz zum Trend in den USA steht, wo seismische Methoden bei der Grundwassererkundung ungefähr einen gleichen Umfang einnehmen wie geoelektrische Methoden.

Es wurde weiterhin hervorgehoben, daß alle hydrogeologischen Erkundungsarbeiten in den Niederlanden durch Untersuchungen der Oberflächengeophysik eingeleitet werden. Erst dann folgen Testbohrungen, die ausnahmslos geophysikalisch vermessen werden. Als bemerkenswertes Verfahren zur geoelektrischen Vermessung von verrohrten Trockenbohrungen erschien eine Technik, bei der die Vermessung unmittelbar nach dem Ziehen der Verrohrung erfolgt. Hierfür ist die Benutzung eines entsprechend zugstarken Kabels und einer speziellen Elektrodenvorrichtung erforderlich (F. Walter: Geoelektrische Untersuchungen in den Niederlanden).

2. Frankreich: Hier werden bei der Bearbeitung spezieller hydrogeologischer Probleme vor allem geoelektrische, seismische, elektromagnetische und thermische Verfahren angewandt. Besonders hinzuweisen ist auf Erfolge, die mit elektromagnetischen Verfahren vom Flugzeug aus bei der Untersuchung eines 90 km² großen Gebietes im Rhônedelta zur Abgrenzung von Süß- und Salzwasservorkommen erreicht wurden (S. Munck: Einige Beispiele neuer Anwendungen geophysikalischer Methoden bei der Erkundung von Süßwasser in der französischen Küstenzone des Mittelmeeres).

3. Italien: Der Schwerpunkt des Einsatzes geophysikalischer Verfahren bei der Grundwassererkundung liegt auch in Italien bei den Methoden der Geoelektrik und der Refraktionsseismik. Hervorstechend ist jedoch, daß hier besonders Wert auf den komplexen Einsatz geophysikalischer Verfahren gelegt wird, um damit die Aussagekraft der geophysikalischen Messungen zu erhöhen. Ein besonderes Anwendungsgebiet finden die geophysikalischen Verfahren bei der Erfassung der Basismorphologie im Bereich der großen Schuttfächer am Fuß der Gebirge (O. Vecchia: Hydrogeologie und Geophysik bei der Grundwassererkundung in Italien).

4. SFR Jugoslawien: Die Hydrogeophysik konzentriert sich hier darauf, die Basis der Verkarstung, den Bereich tektonischer Störungen in Karstgebieten und die Wanderwege der Karstwässer zu lokalisieren. Zur Lösung dieser Aufgaben wurden bisher vorwiegend geoelektrische Verfahren eingesetzt. Die Erfolge waren begrenzt (W. F. Mijatović: Geoelektrische Methoden bei der Lösung hydrogeologischer Fragen, speziell bei der Erkundung von Karstwässern).

5. Ungarische VR: Die hydrogeophysikalischen Verfahren sind einmal der Erkundung von Tiefenwässern gewidmet. Hierbei stehen die Teufenlage des Grundwasserleiters, die Morphologie des Fundaments, die Verbreitung der Ernährungshorizonte und die geothermischen Bedingungen im Vordergrund der Zielstellung. Zum anderen werden die Verfahren bei der Erkundung von normalen Grundwässern eingesetzt. Hierbei ist man speziell an der Erfassung der Basis von Sedimentbecken und an der Bestimmung der Grundwasseroberflächenlage interessiert. Eine besondere Beachtung wird den geophysikalischen Bohrlochmessungen geschenkt. Ihre durchgängige Einführung in allen Bohrungen mit Endteufen über 100 m hat auch die Bohrtechnologie beeinflußt. Im allgemeinen werden heute nur noch Spülbohrungen bei der Erkundung dieser Teufenbereiche eingesetzt. Der Anwendungsumfang kann durch folgende Zahlen näher charakterisiert werden:

1966 von 680 Bohrungen 385 geophysikalisch gemessen,
1967 „ 910 „ 512 „ „
1968 „ 856 „ 551 „ „

Die Entnahme ungestörter Sedimentproben wird durch Kernapparaturen ermöglicht, die ungestörte Proben von 100 bis 120 g zur Verfügung stellen (J. Gálfi: Die Bedeutung der Zusammenarbeit von Hydrogeologie und Geophysik bei der Grundwassererkundung in der Ungarischen VR).

Aus der Diskussion der Vorträge

Aus dieser Diskussion erschienen folgende Bemerkungen beachtenswert:

1. Zur Unterscheidung von salzwassergefüllten Grundwasserleitern von Tonschichten wird die Messung der induzierten Polarisation von der Erdoberfläche aus empfohlen, da bei der Kombination mit geoelektrischen Widerstandsmessungen der Ton durch seinen IP-Effekt ausgehalten werden kann.

2. Es wurde hervorgehoben, daß die Anwendung der seismischen Verfahren die sichersten Informationen liefert.

3. Die Differenzierung unterschiedlicher Salinitäten bzw. von Süß- und Salzwässern konnte in einem Beispielsgebiet so weitgehend durchgeführt werden, daß die Abdrängung einer 50 m mächtigen Süßwasserlinse und ihre anschließende Regeneration durch Zusammenfließen innerhalb von zwei Jahren mit geoelektrischen Methoden eindeutig nachgewiesen werden konnten. Damit waren hydrogeologische Auffassungen von der Regeneration der Linse durch Niederschlagsversickerung zu widerlegen.

4. Mit geoelektrischen Methoden konnte nachgewiesen werden, daß sich in Abhängigkeit von den Strömungsbedingungen in den verschiedenen Grundwasserleiterstockwerken eines Gebietes die Süß-/Salzwasser-Grenze unterschiedlich weit bewegen kann. Dabei sind häufig Fälle nachweisbar, in denen im höheren Stockwerk eine Salzwasseringression vorliegt, wogegen im tieferen Stockwerk das Süßwasser über die Land/Meer-Grenze hinausdringt. In diesem Zusammenhang sind auch geoelektrische Lokalisierungen von Salzwassereinbrüchen längs Flußmündungen zu erwähnen.

5. In der Diskussion wurde besonders hervorgehoben, daß die geoelektrischen Verfahren in der Hydrogeologie deshalb so erfolgreich anwendbar sind, weil ein sehr großer Widerstandsbereich (5 Zehnerpotenzen) zur Verfügung steht. Es gibt zur Zeit kein anderes gängiges geophysikalisches Verfahren, das über derartig große Differenzierungsmöglichkeiten verfügt.

6. Zur Zeit wird in den USA und Australien daran gearbeitet, gammaspektrometrische Bohrlochmeßverfahren zu entwickeln, um damit die verschiedenen Sedi-

mentkomplexe, vor allem Tonschichten, besser differenzieren und eindeutiger identifizieren zu können, eine Meßmethode, deren Einsatz in der Hydrogeologie wesentliche Fortschritte verspricht. So gelang es z. B. im Australischen Großen Artesischen Becken, einen Sedimentkomplex durch seine um das 4fache erhöhte ^{40}K-Aktivität über Hunderte von Kilometern zu verfolgen. Die Anwendung dieser Methode ist aber bis jetzt weitgehend auf Festgesteine beschränkt, da eine Bohrlochverrohrung nicht vorhanden sein darf.

7. Eine allgemeine Rundfrage ergab, daß bisher keine Erfolge bekannt geworden sind, die Wasserdurchlässigkeit der Gesteine direkt mit Hilfe geophysikalischer Messungen zu bestimmen. Der bisher weitgehend übliche Weg ist noch der, Bestimmungen der Permeabilität in Verbindung mit der Ermittlung der nutzbaren Porosität an Kernproben durchzuführen und über diese Ergebnisse die geophysikalischen Bohrlochmessungen zu eichen, um so indirekte Annäherungen der Permeabilitäten zu ermöglichen.

8. Zur Bestimmung der Strömungsgeschwindigkeit in Bohrlöchern werden vorwiegend mechanische Fließmesser eingesetzt. Auf die Salzinjektionstechnik in Verbindung mit der Methode mise-à-la-masse wurde hingewiesen.

9. Eine Gegenüberstellung der prozentualen Verteilung der in der Hydrogeologie eingesetzten geophysikalischen Verfahren, insbesondere in der Ungarischen VR und in den USA, zeigt, daß in der Ungarischen VR Anwendungen der Oberflächenverfahren ungefähr in gleichem Umfang wie Anwendungen von Bohrlochmethoden erfolgen. In den USA dagegen ist zur Zeit der Einsatz der Bohrlochgeophysik in der Hydrogeologie noch dominierend. In diesem Zusammenhang erscheint es erwähnenswert, daß die Aktivitäten in der Ungarischen Volksrepublik auf dem Gebiet des Einsatzes geophysikalischer Verfahren zur Grundwassererkundung recht hoch und von einem international beachtenswerten Niveau sind.

10. Im Rahmen der Anwendungsdiskussion wurde ein Bericht des Koordinierungsrats der „Arbeitsgruppe für Kerntechnik in der Hydrogeologie" vorgelegt, der in der 4. Sitzung in der Zeit vom 23. bis 27. Juni 1969 in Wien erarbeitet wurde. Darin werden Zusätze und Ergänzungen zu der bereits erschienenen 1. Auflage des „Handbuchs über die Anwendung von Kerntechniken in der Hydrogeologie" erbeten. Für die Zukunft ist außerdem die Herausgabe eines technischen Berichtes über die Anwendung der radiometrischen Bohrlochverfahren in der Hydrogeologie vorgesehen. Dabei werden als wesentlichste radiometrische Bohrlochverfahren die folgenden als allgemein anwendbar erwähnt: Gamma; Gamma-Spektrometrie; Gamma-Gamma, Neutron-Gamma, Neutron-Gamma-Spektrometrie; Neutron-Neutron, epithermal; Neutron-Neutron, thermal; Neutronenaktivierung; Neutron-Life-time; Aktivierung schneller Neutronen.

11. Es wurde eine allgemeine Übereinstimmung darüber erzielt, daß im wesentlichen von den geophysikalischen Oberflächenverfahren die Widerstandsgeoelektrik und die Refraktionsseismik eine universelle Anwendungsbedeutung haben. Daneben wurde betont, daß für spezielle Anwendungsfälle auch alle anderen geophysikalischen Oberflächenverfahren bedeutsam werden können, daß jedoch den magnetischen, elektromagnetischen und den Tracer-Methoden hierbei eine größere Aufmerksamkeit zukommt. Schließlich wurde auch Übereinstimmung darüber erzielt, daß geophysikalische Airborne-Verfahren mit Radar, photographischen und elektromagnetischen Methoden für die Grundwassererkundung eine wachsende Bedeutung erlangen. Es wurde speziell auf die kanadischen Erfahrungen bei der Anwendung der Airborne-Elektromagnetik im Bereich der Erkundung flacher Grundwasserleiter hingewiesen. Aus Kanada wurde bekannt, daß die Anwendung dieser Methoden für tiefere Grundwasserleiter vorbereitet wird.

12. Allgemein empfohlen wurde die Herausgabe eines Handbuchs über die Anwendung geophysikalischer Verfahren in der Grundwassererkundung.

Vorführungen bohrtechnischer Ausrüstungen und geophysikalischer Verfahren im Gelände

Während der Budapester Tagung wurden im Verlauf zweier Exkursionstage verschiedene geoelektrische und seismische Apparaturen, eine Fallgewichtseinrichtung, einige geophysikalische Bohrlochapparaturen, Rheometer sowie Spülbohrausrüstungen vorgeführt. Die wichtigsten Daten über diese zumeist neueren Geräte sollen kurz angegeben werden.

1. Widerstandsgeoelektrik

1.1. Vierpunktmethode

a) Geoelektrisches NF-Wechselstromgerät (GE-50)

Hersteller: Gamma-Werke Budapest, Ungarische VR.

Kenndaten: Rechteckimpulse, 6 Hz, Batteriespannung 2 × 15 V, Elektrodenspannung bis 110 V, Empfindlichkeit 0,1 mV, eingesetzt bis 250 m Erkundungstiefe, tragbar (1 Meßkoffer 8 kg, 1 Batteriekoffer 12 kg).

b) Geoelektrisches Gleichstromsondierungsgerät für mittlere Tiefen (GE–23)

Hersteller: Ungarisches Staatliches Geophysikalisches Institut, Budapest.

Kenndaten: Gleichspannung, Batterie- oder Generatorbetrieb, Elektrodenspannung bis 400 V, Empfindlichkeit 0,1 mV, Gewicht 10 kg.

c) Gleichstromsondierungsgerät

Hersteller: Eigenbau der Bundesanstalt für Bodenforschung, Hannover.

Kenndaten: Gleichspannung, Batteriespannung 2 × 12 V, Elektrodenspannung bis 200 V, Empfindlichkeit 10 μV, in VW-Kombi eingebaut (mit motorgetriebener Kabelwinde bis 100 m).

Die Auswertung erfolgte mit Hilfe der üblichen Kurvenatlanten, aber auch unter Verwendung eines digitalen Tischrechners (digital PDP-8/L der Digital Equipment Cooperation, Maynert, Mass., USA), wobei mit letzterem Verfahren die Berechnung der Vergleichskurve für Lagerungsfälle bis zu 15 Schichten über eine schrittweise Annäherung an die Meßkurve möglich ist.

1.2. Dipolmessungen

Die praktische Anwendung von Dipolmessungen erfolgt in der Ungarischen VR seit 1966. Bei diesem Verfahren findet die obenerwähnte Sondierungsanlage

Typ GE-23 Verwendung. Das Verfahren kommt vornehmlich bei der geophysikalischen Unterstützung von Tiefenwassererkundungen zum Einsatz. Die Ergebnisse demonstrierten deutlich die Einsatzfähigkeit der Methodik und ermöglichten damit auch die Aufklärung skeptischer Meinungen bezüglich der Anwendbarkeit von Dipolmessungen.

2. Refraktionsseismik

2.1. Sprengseismik

Es wurde sowohl eine fahrbare als auch eine tragbare Apparatur vorgeführt.

a) 24kanäliges seismisches Magnetbandgerät (Typ SZM-24 + 6/F)

Hersteller: Gamma-Werke Budapest, Ungarische VR. Diese Apparatur wird üblicherweise als Standardapparatur für Rx-Messungen eingesetzt. Mit geringer Umrüstung kann sie jedoch auch, wie bei den Versuchen demonstriert wurde, für Ra-Messungen verwendet werden.

b) 24kanäliges tragbares Gerät für ingenieurgeophysikalische Refraktionsmessungen (Typ Pionier 2)

Hersteller: Gamma-Werke Budapest. Ungarische VR. Das Gerät ist volltransistorisiert, mit einem Regelverstärker ausgerüstet und mit mehreren Laufwerkgeschwindigkeiten zu betreiben. Das Gesamtgewicht beträgt 25 kg.

2.2. Fallgewichtsseismik

Es wurde eine auf einem Mercedes-Unimog montierte fallgewichtsseismische Apparatur vorgeführt.

Hersteller: Eigenbau der Bundesanstalt für Bodenforschung, Hannover.

Kenndaten: Fallgewicht 100 kg, Fallhöhe 2 m, Zyklus 5 s, Schlag- und Abrißmechanismus vollautomatisch, Bandspeicherung und Stapeln (optisch bis 32fach), Tiefenreichweite bis 150 m.

3. Geophysikalische Bohrlochmeßapparaturen

3.1. Kraftfahrzeugmontierte Bohrlochmeßapparaturen

Vom Ungarischen Staatlichen Geophysikalischen Institut, Budapest, und der PRAKLA GmbH, Hannover, wurden je eine auf einem Kleintransporter montierte Bohrlochmeßapparatur vorgeführt. Dabei kam von der ungarischen Seite ein tragbares Bohrlochmeßgerät Typ K–500–2 zum Einsatz, das mit einer fahrzeugmontierten Kabelwinde gekoppelt ist.

3.2. Tragbares Kofferbohrlochmeßgerät der Firma Well Reconnaissance, Inc., Dallas, USA

Das Gerät bietet minimale Sondendurchmesser von 2 cm und eine maximale Reichweite, die durch die Kabelkapazität des Koffers bedingt ist, von 300 m. Das Gesamtgewicht beträgt 20 kg. Es wird ein einadriges Kabel mit drei impulsmodulierten Kanälen verwendet. Es kam eine Gammamessung zur Vorführung. Das Gerät gestattet darüber hinaus die Messung des Eigenpotentials, des elektrischen Widerstandes, der Temperatur, des Kalibers und der Strömungsverhältnisse. Außerdem sind Neutron-Gamma-Messungen und Rohrfußbestimmungen möglich.

Alle vorgeführten Verfahren zeigten zutreffende Ergebnisse, deren Interpretation mit abgeteuften Kontrollbohrungen übereinstimmten. Die unter Einbeziehung geophysikalischer Bohrlochmessungen angewandte Erkundungstechnologie besteht in einer Kombination zwischen Rechtsspülbohrverfahren (Klarwasserspülung) mit geophysikalischen Bohrlochmeßverfahren, wobei häufig nur die natürliche Gammastrahlung und der spezifische elektrische Widerstand gemessen werden. Es wurden Meßbohrmeterpreise von 15,25 M bekannt, die bei der Niederbringung von 36 Bohrungen in Teufen zwischen 30 und 100 m bei einem Arbeitsstundenaufwand von 145 Stunden und Gesamtkosten von 26381,— M auftraten. Die sogenannten Meßbohrmeterpreise enthalten An- und Rückreise der Meßbohrgruppe, Bohrkosten, Kosten für die geophysikalische Bohrlochmessung und Kosten für die Berichtsausfertigung in drei Exemplaren.

4. Rheometer

Beim Besuch des Betriebes für Wassererkundung und Brunnenbohrung wurde den Besuchern ein Rheometer Typ Geo 5600 vorgeführt, das mit einer Universalwinde für Probeuntersuchungen verbunden ist. Die Anlage enthält ein 600 m langes einadriges Panzerkabel hoher Bruchlast und erlaubt in erster Linie den Einsatz von Durchflußmessern, daneben aber auch von Fernmeßgeräten, elektrischen Wasserprobenehmern und Wasserstandsanzeigern. Der Durchflußmesser ist als Drehschaufeldurchflußmesser ausgebildet. Als Oberflächeninstrumente dienen ein transistorisierter Zeitmarkengenerator und ein Impulszähler. Daneben findet noch eine Rohrfahrtprüfsonde Verwendung, die zur Bestimmung der Durchmesser und Tiefe der Filterrohre von Rohrbrunnen dient. Sie findet Verwendung, wenn Umbauten und Reparaturen an Brunnen notwendig werden, für die keine Verrohrungsdaten zur Verfügung stehen. Die Sonde besitzt in Winkel angeordnete Fühlerarme, die die Durchmesserveränderungen von 125 bis 400 mm in 32 Abstufungen anzeigen.

Zusammenfassende Schlußfolgerungen

1. Das Expertentreffen zeigte auch durch die große internationale Beteiligung, daß der Geophysik in außerordentlich vielen Ländern eine wesentliche Bedeutung bei der Grundwassererkundung zugemessen wird. Darüber hinaus war zu bemerken, daß in verschiedenen Ländern die Geophysik bereits eine wesentliche Bedeutung bei der hydrogeologischen Erkundung erlangt hat.

2. Bei den in der hydrogeologischen Erkundung verwandten Verfahren der Oberflächengeophysik dominieren international eindeutig elektrische und refraktionsseismische Messungen.

3. Dabei zeigt es sich, daß die traditionellen oberflächengeophysikalischen Verfahren durch die Anwendung moderner Datenverarbeitungsmittel zu einer um ein Mehrfaches erhöhten Aussagefähigkeit und Zuverlässigkeit geführt werden können.

4. Die Einsatztendenzen der Oberflächengeophysik liegen im Bereich der Hydrogeologie einmal bei den Aufgaben der regionalen Landesaufnahme, wobei sich

auch Airbone-Methoden durchzusetzen beginnen. Zum anderen liegen Einsatzschwerpunkte bei der Unterstützung von hydrogeologischen Prognosen, Sucharbeiten und hydrogeologischen Vorerkundungen; jedoch sind die geophysikalischen Oberflächenmessungen darauf nicht ausschließlich beschränkt, sondern auch bei Objekten der eingehenderen Erkundung im Einsatz. Die Anwendung der oberflächengeophysikalischen Verfahren wird weitestgehend von den geologisch-hydrogeologisch-geophysikalischen Untergrundverhältnissen bestimmt. Es konnte nachgewiesen werden, daß ein sinnvoller Einsatz und eine erfolgreiche Auswertung sowohl der Oberflächenverfahren als auch anderer Methoden nur durch die engste Zusammenarbeit zwischen Hydrogeologen und Geophysikern möglich werden.

5. Im internationalen Querschnitt scheinen die bohrlochgeophysikalischen Verfahren bei dem Gesamteinsatz der Geophysik in der Grundwassererkundung noch deutlich zu dominieren. Dabei zeigt sich einmal ein Trend zu speziellen geophysikalisch-bohrtechnischen Vorerkundungstechnologien, bei denen Bohrlochmeßmethoden mit besonders ökonomischen Bohrverfahren kombiniert werden. Zum anderen zeigt sich ein Trend zu Kleinstbohrlochapparaturen, die mit minimalem Aufwand dem aufnehmenden Geologen die Vermessung neuer Bohrungen oder auch von Altaufschlüssen gestatten.

6. Daneben werden die vielfältigen Bemühungen deutlich, die meisten der in der Erdölgeologie bewährten geophysikalischen Oberflächen- und Bohrlochmethoden den spezifischen geologisch-geophysikalischen und ökonomischen Bedingungen der Grundwassererkundung anzupassen und damit ihren rentablen Einsatz zu ermöglichen.

7. In Auswertung der Tagung ergeben sich folgende Empfehlungen:

a) Für die Autoren entstand auf der Tagung der Eindruck, daß im Hinblick auf den erfolgreichen Einsatz geophysikalischer Methoden bei der Grundwassererkundung in der DDR wichtige Aufgaben zu lösen sind.

b) Im Vordergrund der Dringlichkeit scheint die breite Einführung der Bohrlochgeophysik in den hydrogeologischen Erkundungsprozeß zu stehen.

c) Geophysikalische Bearbeitungen aller Untersuchungsprojekte, speziell die der Prognosen und Vorerkundungen, sollten mit dem Ziel erfolgen, Einsatzmöglichkeiten geophysikalischer Verfahren abzugrenzen, geeignete Verfahren auszuwählen und für einen das ökonomische Gesamtergebnis der Erkundung erhöhenden Einsatz zu sorgen.

Die Reichtümer der Kursker Magnetanomalie

J. N. LEONENKO, UdSSR

W. I. LENIN maß dem Aufschluß von Eisenerzlagerstätten im Gebiet der Kursker Magnetanomalie eine außerordentlich hohe Bedeutung bei. Im August 1920 unterschrieb er einen Beschluß über die erweiterte Aufnahme von Bohrarbeiten auf diesem Territorium. In einem Brief vom 5. April 1922 schrieb WLADIMIR ILJITSCH: „Wir besitzen hier einen Reichtum, der sicherlich in der ganzen Welt nicht seinesgleichen findet und in der Lage ist, zu einem Umschwung der gesamten Metallurgie zu führen.“[1])

Die im Jahre 1784 von W. P. INOCHODZEW entdeckte Kursker Magnetanomalie blieb ungeachtet der langjährigen Untersuchungen vor der Revolution unerforscht. Zwei Bohrungen, die vor der Revolution auf Empfehlung und nach den Unterlagen der 22 Jahre währenden Untersuchungen E. E. LEISTAS von der Kursker Landesverwaltung angesetzt worden waren, erschlossen keine Eisenerze.

1919 wurden die Arbeiten zur Erforschung der Kursker Anomalie unter der Leitung von P. P. LASAREW und danach ab 1922 unter I. M. GUBKIN begonnen. Im Juni 1923 durchteuften Bohrungen in der Nähe der Stadt Stschigry des Kursker Gebietes in einer Teufe von 167 m Magnetiteisenquarzite, die 30—40% Eisen und ebensoviel Kieselerde enthielten. So wurde erstmalig die Zusammensetzung der Gesteine festgestellt, die die magnetischen Anomalien hervorrufen.

1931 wurden bei den Dörfern Korobkowo und Saltykowo des Staro-Oskolsker Bezirkes Reicheisenerze gefunden. Nach dem Aufschluß der Reicherzlagerstätten wurden die geologischen Erkundungsarbeiten erweitert, in deren Ergebnis im genannten Bezirk die relativ große Lebediner Eisenerzlagerstätte entdeckt und erkundet wurde (1934—1937). Im gleichen Zeitraum wurde bei dem Dorf Korobkowo der industrielle Abbau der Reicheisenerze im Schachtverfahren begonnen.

Die durch den Großen Vaterländischen Krieg unterbrochenen geologischen Erkundungsarbeiten wurden erst 1947 wiederaufgenommen, und bereits 1949 erfolgte der Aufschluß der Michailower Reicherzlagerstätte im Kursker Gebiet. 1953 wurden beim Abteufen zweier Suchbohrungen bei dem Dorf Jakowlewo im Bjelgoroder Gebiet in 500 m Teufe Reicheisenerze mit einer Mächtigkeit von 148—270 m und einem Eisengehalt von 60 bis 63% erschlossen. Die erhaltenen neuen Angaben über die Erzführung dienten als Grundlage für eine starke Erweiterung der geologischen Erkundungsarbeiten, besonders im Bjelgoroder Gebiet auf den Feldern der Anomalien im Bezirk Jakowlewo. In den Jahren 1955 bis 1958 wurden mächtige Reicherzlager auf den Lutschkiner, Pokrower und Gostistschewer Feldern der Anomalie gefunden.

Im Zusammenhang mit dem Aufschluß einer Reihe großer Lagerstätten, in denen die Erzkörper in Teufen von 470—500 m lagern, und der Existenz einer großen

Aus: „Raswedka i ochrana nedr“, H. 2, S. 2—9 (1969).
Übers.: BERNHARD REH, Königs Wusterhausen.

[1]) W. I. LENIN, Aufsätze, 5. Aufl., Bd. 54, S. 227 (russ.).

Lagerstätte	Reicherze			Eisenquarzite			
	Mittlerer Eisengehalt im Erz (%)	Gesamtvorräte der Klassen $B+C_1+C_2$ (Mill. t)	Davon in Klassen $B+C_1$ (Mill. t)	Mittlerer Eisengehalt im Erz (%)	Insgesamt berücksichtigt $B+C_1+C_2$ (Mill. t)	Davon erkundet $B+C_1$ (Mill. t)	Prognostische Vorräte (Mill. t)
Bjelgoroder Gebiet							
Lebedinskoje	56,9	131	129	34,6	2080	1670	–
Jushno-Lebedinskoje	54,6	51	49	35,2	704	639	–
Stoilenskoje	54,4	150	134	35,9	1800	1622	–
Korobkowskoje	–	–	–	32,6	774	767	750
Saltykowskoje	–	–	–	32,0	520	403	–
Oskolezkoje	–	–	–	32,1	301	267	–
Tschernjanskoje	54,5	229	202	–	–	–	1450
Pogromezkoje	54,7	365	325	–	–	–	5000
Stojlo-Lebediner Abschnitt	–	–	–	–	–	–	1000
Pokrower Abschnitt	–	–	–	–	–	–	1000
Sretener Abschnitt	–	–	–	–	–	–	600
Jakowlewskoje	60,5	10062	1867	–	–	–	–
Gostistschewskoje	61,6	10427	2594	–	–	–	–
Bolsche-Troizkoje	61,5	1500	–	–	–	–	–
Melichowostschebekinskoje	61,5	2400	–	–	–	–	–
Kursker Gebiet							
Michailowskoje	54,8	414	361	38,8	9315	3691	–
Kurbakinskoje	52,9	92	92	–	–	–	1000
Ditschnjansko-Reutezkoje	53,5	193	–	–	–	–	1000
Orlower Gebiet							
Nowo-Jaltinskoje	58,6	137	117	–	–	–	4000
Insgesamt:		26151	5870		15503	9059	15800

Anzahl unerforschter Felder erarbeitete 1958 ein Kollektiv, bestehend aus Geologen und Geophysikern der Geologischen Verwaltung der Zentralbezirke, ein Fünfjahrprogramm über die Arbeiten auf dem gesamten Territorium der Kursker Anomalie. Im Programm waren die Durchführung großmaßstäblicher komplexer geophysikalischer Untersuchungen, das Niederbringen von Such- und Kartierungsbohrungen auf Einzelfeldern der Anomalie, thematische Arbeiten und die Erkundung von Lagerstätten mit günstigen bergbautechnischen Bedingungen vorgesehen.

In Durchführung dieses Programmes wurden zusätzlich Bohrungen auf 55 Feldern der Anomalien niedergebracht und etwa 70 Kartierungsbohrungen auf regionalen Kartierungsprofilen abgeteuft sowie eine Methode zur Suche verdeckter Eisenerzkörper in Teufen von 40—600 m erarbeitet und eingeführt. Das wichtigste Resultat dieser Arbeiten bestand im Aufschluß der Pogromezer, Tschernjaner, Ditschnjansko-Reutezer und Nowo-Jaltaer Lagerstätten flachlagernder Reicheisenerze (135—270 m) sowie in der Entdeckung des großen Bolsche-Troizer Eisenerzlagers in einer Teufe von 400 m in den Jahren 1958—1963.

Nach den Unterlagen der geophysikalischen, hydrogeologischen und geologischen Erkundungsarbeiten, die im Prozeß der Lagerstättensuche und -erkundung erhalten worden waren, ist von einem Kollektiv der Geologischen Verwaltung der Zentralbezirke unter Teilnahme der Betriebe Zentrogiprorudy eine Bewertung der Lagerstätten der Kursker Anomalie vorgenommen worden. Das umfassende Studium der geophysikalischen und geologischen Unterlagen gestattete, die Grenzen des Eisenerzbeckens der Kursker Magnetanomalie zu bestimmen, wesentlich die Fragen zur Stratigraphie und Tektonik, Morphologie und Genese der Reicheisenerze sowie auch die hydrogeologischen Lagerstättenverhältnisse zu präzisieren.

Nach den gegenwärtigen Daten liegt das Eisenerzbecken der Kursker Anomalie an der Südwestflanke der Woronesher Anteklise, die eine überdeckte Hochlage kompliziert dislozierter metamorpher und magmatischer Gesteine des Archaikums und Proterozoikums darstellt, die durch den Sedimentkomplex des Devons, des Karbons, des Juras, der Kreide, des Paläogens, des Neogens und des Quartärs mit einer Gesamtmächtigkeit von 40 m im Scheitelbereich der Anteklise und bis zu 650 m an ihren Flanken überlagert sind.

Die Gesteine des Archaikums und des Proterozoikums sind kompliziert gefaltet. Die Falten besitzen nordwestliches Streichen. Es überwiegen steile Faltenflanken mit einem Einfallen von 65—87°. Die präkambrischen gefalteten Gesteine sind in der Kontinentalperiode, die vom Oberen Proterozoikum bis zum Visé und im Scheitelbereich der Anteklise lokal bis zum Jura dauerte, stark erodiert worden.

Auf den Abschnitten der vorwiegend streifenförmigen Anomalie wurden Suchbohrungen niedergebracht, die zu jeweils 3—4 Stück auf Profillinien senkrecht zum Streichen der Anomalien angesetzt wurden. In Abhängigkeit von der Mächtigkeit der aufgeschlossenen Reicheisenerze, der Lagerungsteufe und den Ausmaßen der Erzkörper wurde die Frage des praktischen Wertes der nachgewiesenen Erzführung und der Zweckmäßigkeit ihrer weiteren Erkundung entschieden.

Die Eisenquarzite und Reicheisenerze stellen das Hauptobjekt der Suche und Erkundung dar. Die Eisenquarzite bilden sehr mächtige (100—500 m) Schichten in den proterozoischen Falten aus.

Die Eisenquarzite werden in folgende mineralogische Typen und ihnen entsprechende Reicheisenerztypen untergliedert:

Muttergesteine:	Reicheisenerze:
Magnetitquarzite Eisen-Glimmer-Martitquarzite	Magnetit und Magnetiterze Eisen-Glimmer-Martiterze
erzarme silikatische Magnetitquarzite	Chlorit-Martit- und Hydrohämatit-Martiterze
Eisenalumosilikatschiefer	tonige Hydrogoethit-Hydrohämatiterze

Infolge des Erosionsschnittes der Falten streichen die Schichten der Eisenquarzite gewöhnlich unter den Sedimentgesteinen aus und besitzen im Flachriß die Form von Streifen mit einer Länge bis zu 40 km und einer Breite von 200—500 m. Wenn durch die Erosion Brachysynklinalfalten angeschnitten worden sind, bilden die Eisenquarzite ziemlich breite (bis zu 2 km) Felder. Die Reicheisenerze liegen horizontal auf den Scheitelbereichen der Eisenquarzite und bedecken diese mantelartig. In tektonischen Schwächezonen nimmt die Mächtigkeit der Reicherze entsprechend zu.

Gegenwärtig ist auf dem Territorium der Kursker Anomalie, wo bis zur Revolution lediglich magnetische Anomalien bekannt waren, durch die schöpferische Arbeit von Geophysikern, Geologen, Bohrfachleuten und Hydrogeologen der Expeditionen der Geologischen Verwaltung der Zentralbezirke das nach Erzvorräten in unserem Land und in der ganzen Welt größte Eisenerzbecken aufgeschlossen und zu einem bedeutenden Teil erkundet worden. Die Eisenerzvorräte per 31. 12. 1968 sind in der Tabelle aufgeführt.

Es ist zu bemerken, daß die Eisenquarzite nur auf den Lagerstätten Lebedinskoje und Stoilenskoje bis zu einem den gegenwärtigen Anforderungen der Industrie genügenden Grad erkundet sind.

An Reicherzen sind außer den obenaufgeführten Vorräten 11 Mrd. Tonnen prognostischer Vorräte bestimmt worden, von denen bereits ca. 7 Mrd. Tonnen durch Erkundungsarbeiten bestätigt worden sind.

Es erscheint notwendig, darauf hinzuweisen, daß bei der Existenz dieser riesigen Vorräte an Reicherzen der Erkundungsgrad bis zu den industriellen Vorratsklassen vorläufig nur 21% des Beckens umfaßt. Dessenungeachtet gewährleisten die erkundeten Vorräte prinzipiell die Entwicklung der Eisenindustrie für die nächsten Jahre und in der Perspektive. Für die Vorbereitung der bis 1980 zum Abbau vorgesehenen Eisenerzlagerstätten und die Ausgliederung technologischer Typen von Erzen muß die Erkundung der Lagerstätten Michailowskoje, Jushno-Lebedinskoje, Korobkowskoje und Tschernjanskoje sowie des Abschnittes zwischen den Gruben Lebedinskoje und Stoilenskoje durchgeführt werden. Für die Mehrzahl der flachen Lagerstätten (Lebedinskoje, Stoilenskoje und Michailowskoje) wird nach der Gewinnung der Reicherze die Förderung der Eisenquarzite zur Herstellung eines Konzentrats mit einem Eisengehalt von 63—65% projektiert.

Gegenwärtig wird der Abbau der Eisenquarzite als rentabel betrachtet, wenn ihre Lagerungsteufe 100 m nicht übersteigt und die Vorräte nicht unter 1 Mrd. Tonnen betragen. In diesem Zusammenhang wird es notwendig, die Felder mit geringer Lagerungsteufe der Eisenquarzite neu zu bewerten. Nach einer orientierungsmäßigen Berechnung betragen die zusätzlichen Vorräte an Eisenquarziten in solchen Teufen etwa 48 Mrd. Tonnen.

Auf der Basis der Eisenerzlagerstätten der Kursker Anomalie arbeiten bereits drei große Erztagebaue und ein Bergwerk, aus denen etwa 13 Mill. Tonnen Erz jährlich gefördert werden. Es sind die Städte Gubkin und Shelesnogorsk gebaut worden. Mit dem Eisenerz der Kursker Anomalie werden nicht nur die metallurgischen Werke der Zentralbezirke der RSFSR, sondern teilweise auch das Magnitogorsker Kombinat versorgt.

Die Reichtümer des Territoriums der Kursker Anomalie sind mit den riesigen Eisenerzlagern nicht erschöpft.

Mit der hier weitentwickelten verdeckten Laterit-Verwitterungskruste auf den präkambrischen Gesteinen sind auch andere Bodenschätze verbunden. Die durchgeführten Sucharbeiten haben ergeben, daß unter den Visé-Sedimenten stellenweise Bauxite von hoher Qualität lagern.

Die Bauxite sind vorwiegend im Bjelgoroder Eisenerzrevier verbreitet und als eluviale und allochthone Typen vertreten. Die eluvialen Bauxite sind an die Prävisé-Verwitterungskruste der Phyllitschiefer gebunden, die die Eisenquarzite umgeben. Ihre Lager sind hauptsächlich parallel zu den Reicheisenerzlagern und innerhalb derselben im oberen Teil der Schieferschichten und -folgen gelegen. Der mineralogischen Zusammensetzung nach überwiegen wesentlich die Gibbsit- und Boehmitbauxite, aber in einzelnen Bohrungen sind auch Hydrargillitbauxite aufgeschlossen worden.

Die sedimentären Bauxite sind gewöhnlich in den Niederungen des Prävisé-Reliefs verbreitet und durch Zerstörung und Umlagerung der eluvialen Arten entstanden. Teilweise besitzen sie Linsenform und werden in den umgelagerten sideritisierten Reicheisenerzen angetroffen. Die Hauptminerale in ihnen sind Boehmit und Gibbsit. Ihrer chemischen Zusammensetzung nach entsprechen die sedimentären Bauxite fast den autochthonen, unterscheiden sich jedoch von den letzteren durch einen geringeren Eisengehalt und einen höheren Anteil an Tonerde.

Die ultrabasischen Magmatite sind perspektivisch für sulfidische Kupfer-Nickel-Erze. An den Kontakten mit den Karbonaten der oberen Folge der Kursker Metamorphen Serie ist der Nachweis von Lagerstätten des Skarntyps möglich. Saure Intrusionen verdienen, nach den festgestellten Bleianzeichen im Bjelgoroder Gebiet zu urteilen, ebenfalls Aufmerksamkeit. Es bestehen Voraussetzungen für die Suche von Goldlagerstätten und seltenen Elementen in den Metakonglomeraten und tektonischen Störungszonen, die durch eine Sulfidmineralisation begleitet werden.

Im Jahre des 100. Geburtstages W. I. LENINS ist es erfreulich festzustellen, daß dank der schöpferischen Arbeit der in der Erkundung Beschäftigten der Traum dieses genialen Politikers vom Aufschluß und der Nutzung der Eisenerzreichtümer der Kursker Anomalie zur Wirklichkeit wurde.

Besprechungen und Referate

EGYED, L.

Physik der festen Erde

Leipzig: BSB B. G. Teubner Verlagsgesellschaft 1969. 368 S., 185 Abb., 31 Tab., 190 Lit.

Das Buch schließt erfreulicherweise eine Lücke in der geowissenschaftlichen Literatur, und es spricht nicht nur durch seinen Inhalt, sondern auch durch die Art der Darstellung des Stoffes einen breiten Interessentenkreis an. Es ist eine Gemeinschaftsausgabe der BSB B. G. Teubner Verlagsgesellschaft, Leipzig, und des Akadémiai Kiadó, Budapest. Die Gesamtherstellung übernahm Akadémiai Nyomda, Budapest, in hervorragender Qualität; die Übersetzung aus dem Ungarischen besorgte Dr. JÁNOS RENNER, ein Kenner der Materie, der auch durch zahlreiche eigene Arbeiten den deutschen Fachkollegen kein Unbekannter ist.

Der Autor des Buches, Prof. Dr. LÁSZLÓ EGYED, gilt international als einer der führenden Fachleute auf dem Gebiet der physikalischen Erdentwicklung. Sein Buch gliedert er in die Kapitel:

I. Die physikalischen Eigenschaften des Materials der Erdkruste
II. Die Gravitation und die Erde
III. Die Erde als Planet
IV. Die Erdbeben
V. Magnetische Erscheinungen der Erde
VI. Die thermischen Erscheinungen der Erde
VII. Physikalische Altersbestimmungen
VIII. Die innere Struktur der Erde
IX. Die Entwicklung der Erde

Alle Kapitel sind so geschrieben, daß sie nicht nur das Interesse der Geophysiker, sondern auch uneingeschränkt das der Geologen finden werden, insbesondere auch deshalb, weil durch die neueren Forschungsergebnisse der Geonomie die komplexe Betrachtung geologischer und geophysikalischer Fakten hoch aktuell und richtungsbestimmend für die weitere Entwicklung der Geowissenschaften ist.

Besonderes Interesse der Geologen aber werden die Ausführungen EGYEDs über die Entwicklung der Erdkruste finden. EGYED geht von der Gültigkeit der DIRACschen Kosmologie und der daraus zu folgernden Expansion der Erde aus. Einige Sätze sollen hier zitiert werden, weil sie besser als alle anderen Worte die Aktualität des Stoffes und die Prägnanz der Aussagen unter Beweis stellen: „Die einfachste Erklärung für die Entwicklung der Kruste und die Entstehung der kontinentalen und ozeanischen Gebiete wird durch die Expansion der Erde gegeben. Die ersten Differentiationsvorgänge brachten eine oben mehr saure, unten mehr basische einheitliche Erdkruste zustande. Die einheitliche Erdkruste geriet jedoch infolge der Volumenzunahme der Erde unter Spannung und wurde zerrissen. In den aufgerissenen Teilen kam die dichtere Materie des Mantels an die Oberfläche und suchte das ihrer Dichte entsprechende Niveau einzunehmen. Da die Dichte der aufsteigenden Massen größer war als die der kontinentalen Massen, entstand ein um etwa 5 km tieferes Gleichgewichtsniveau als das durchschnittliche Niveau der Kontinente."

Aus dieser Erklärung folgt der triviale Schluß, daß sich a) an der Erdoberfläche zwei Niveaus entwickeln mußten, b) zwischen den kontinentalen und ozeanischen Gebieten ein scharfer morphologischer und petrographischer Unterschied besteht und c) die Kontinente an der Erdoberfläche eine fast zusammenhängende Fläche bilden.

„Aus diesem Mechanismus ist auch der bogenförmige Charakter der Kontinentalränder verständlich, da beim Zerreißen einer kugelschalenförmigen Masse die Spaltlinien im allgemeinen entlang von Kreisbögen auftreten. Auf Grund dieser Vorstellung wird auch unsere schon früher aufgestellte Behauptung verständlich, daß nämlich die kontinentalen Gebiete mit der ersten Oberfläche der Erde identisch sind."

„Zur Zeit des Karbons bestand die Erdkruste noch aus einem einheitlichen kontinentalen Block, der Pangaea. Dieser einheitliche Block zerbrach am Ende des Karbons, und die einzelnen Stücke entfernten sich mehr und mehr voneinander. So bildete sich der amerikanische Kontinent, dann Australien und zugleich mit ihnen der Atlantische, Indische und Arktische Ozean."

„Die Ausdehnung der Erde gibt eine physikalisch gut zu verfolgende Erklärung für die Kontinentalwanderung. Diese ist im Ausdehnungsvorgang eigentlich ein spezieller Fall der Entstehung der ozeanischen Becken. Der Mechanismus der Kontinentalwanderung besteht also darin, daß die Pangaea durch die eine Ausdehnung verursachenden Spannungen aufgespalten wurde. Die dichteren Massen des oberen Mantels steigen entlang den Bruchlinien auf, und die Becken des Atlantischen, Indischen und Arktischen Ozeans entstanden. Die Energien der Ausdehnung reichen zum Zerreißen der Kruste aus.

Wird aber die Größenordnung der jährlichen Halbmesserzunahme von ungefähr 0,6—0,8 mm/Jahr berücksichtigt, so beträgt die Zunahme der Erdoberfläche seit dem Karbon weniger als 20% des Gesamtgebietes des Atlantischen, Indischen und Arktischen Ozeans. Diese Tatsache erinnert uns daran, daß wir die Erklärung der Krustenentwicklung auf Grund der Expansion übermäßig vereinfacht haben. Tatsächlich produziert die Ausdehnung entlang dem zerspaltenen Gebiet einen stetigen Massenüberschuß. Infolgedessen entsteht ein potentieller Megatumor, d. h., es bildet sich aus der dichteren Materie des Mantels eine immer breiter werdende Ausbauchung, die in den Spaltenbereich und unter die Krusten eindringt. Deren Oberfläche liegt dort höher, als es das hydrostatische Gleichgewichtsniveau erwarten läßt. Durch ständige Ausdehnung bleibt dieser Zustand noch lange bestehen. Infolgedessen gelangen die zerspaltenen Kontinentalteile auf einen ‚Abhang'. Die horizontale Komponente des Schwerefeldes trachtet danach, die am Abhang befindliche kontinentale Kruste von der Stelle der Aufspaltung zu entfernen. So gleitet sie oder verschiebt sich auf die ozeanischen Gebiete der anderen Seite, d. h., letztlich entspricht das ozeanische Gesamtgebiet der aus der Expansion herrührenden Flächenzunahme. Dieses Gleiten am Abhang des potentiellen Megatumors vervielfacht die Verschiebung der Kontinente und führt zu einer wirklichen Kontinentalwanderung. Die Stellen der Aufspaltung können auch heute noch verfolgt werden. Es sind die zu den Ozeanischen Rücken sich hinziehenden Gräben."

Es bleibt nur noch zu erwähnen, daß EGYED die Entwicklung der Erdkruste nicht nur qualitativ schildert, sondern alle Feststellungen auch durch einfache mathematische Rechnungen quantitativ überprüft. Das trifft in gleicher Weise für die übrigen Kapitel zu. Hier wurde besonders auf die Entwicklung der Erdkruste hingewiesen, weil diese Tatsachen sicher gegenwärtig für die geologische Forschung am bedeutungsvollsten sind, nicht zuletzt für die Paläogeographie des Paläozoikums, die dieser Krustenentwicklung Rechnung tragen muß.

R. ZEUCH

KREBS, W.

Zur Geologie des Rhenoherzynikums I

„Geotektonische Forschungen", Stuttgart 1968. H. 28, 103 S.

Im vorliegenden Heft sind zwei Arbeiten von W. KREBS zusammengestellt: „Zur Frage der bretonischen Faltung im östlichen Rhenoherzynikum" und „Die Lagerungsverhältnisse des Erdbacher Kalkes (Unterkarbon II) bei Langenaubach—Breitscheid (Rheinisches Schiefergebirge)". Die Aufsätze sprechen einen unterschiedlichen Leserkreis an. Während der erstgenannte im Sinne eines Fortschrittsberichtes die Aufmerksamkeit aller an regionalgeologischen

Erkundungsaufgaben arbeitenden Fachkollegen verdient, wendet sich der zweite Aufsatz vor allem an den Spezialisten. In monographischer Weise werden hier Erforschungsgeschichte und Lagerungstypen des Erdbacher Kalkes besprochen und die stratigraphische Stellung des klassischen Fossilfundpunktes vom Liebstein auf Grund von Neu- und Nachbestimmungen der Goniatiten diskutiert. Die übergreifende Lagerung der nur wenige dm mächtigen Crinoiden-Kalke über Riffkalke des Oberdevons wird nicht auf eine bretonische Faltungsphase zurückgeführt, sondern durch eine im Dinant II einsetzende regionale Absenkung erklärt, die auch die ursprünglich als „paläomorphologische Schwellen" wirksamen oberdevonischen Riffkomplexe betraf.

Die kritische Überprüfung aller bisher bekannten Hinweise auf bretonische Bewegungen im östlichen Rhenoherzynikum ist das Ziel des ersten Aufsatzes. Bei der Besprechung dieses Gegenstandes geht der Autor weiter, als es der Titel vermuten läßt, indem er einen anschaulichen und klar konzipierten Überblick über den Ablauf der variszischen Faltung im östlichen Rhenoherzynikum gibt. Im Ergebnis seiner Untersuchungen kommt KREBS zu dem Schluß, daß „in den uns heute zugänglichen Oberdevon/Unterkarbon-Gebieten des Rheinischen Schiefergebirges und des Harzes keine gesicherten Beweise für eine bretonische Faltung im Sinne einer Krustenverkürzung" zu belegen sind, sondern sich hier entsprechend den Vorstellungen von R. TRÜMPY aus dem alpinen Geosynklinalraum eine submarin-sedimentäre Dehnungstektonik zu erkennen gibt, die der eigentlichen Einengung der Geosynklinale vorausgeht. Die vorhandenen Diskordanzen, Schichtlücken, Faziessprünge, Aufarbeitungshorizonte und Transgressionen, die bisher Anlaß für die Annahme einer bretonischen Faltung gaben, sind Ausdruck einer starken synsedimentären Mobilität des Untergrundes.

Auch die von REICHSTEIN als synsedimentäre Gleitkörper an der embryonalen Deckenstirn einer Ostharzdecke gedeuteten Herzynkalkvorkommen der Harzgeröder Zone werden von KREBS auf „synsedimentäre Brüche, Schollenverstellungen, Kippbewegungen, Abgleiten und Zerfall von klippenartig exponierten Schwellenstaffeln" zurückgeführt, wie er sie ähnlich auch für die Deutung der Schichtlücken und Winkeldiskordanzen im nördlichen Sauerland heranzieht, ohne jedoch näher auf den Mechanismus dieser Bewegungen einzugehen. Die Existenz der Ostharzdecke wird durch eine solche Deutung nicht in Frage gestellt, wie der Autor ausdrücklich betont.

Die synsedimentären Dehnungsbewegungen sind im eigentlichen Geosynklinaltrog schon seit dem Unterdevon nachzuweisen. Im Mitteldevon spielen sie auf dem „etappenweise absinkenden, sich zurückverlagernden und dabei in ein Schollenmosaik zerbrechenden" nordwestlichen Schelfrand eine bedeutende Rolle. Als besonders labile Elemente erweisen sich vor allem um NW—SE und N—S streichende Querstörungen. An den besonders aktiven scharnierartigen Nahtstellen zwischen „Hochschwellen" (mit Riffkalken) und „Tiefschwellen" (mit Cephalopoden-Kalken) des höheren Mittel- und des Oberdevons kam es bevorzugt zum Aufstieg von initialen Magmatiten, mit denen die submarin exhalativen hydrothermalen Lagerstätten in unmittelbarer Nähe der Massenkalkfazies in Verbindung stehen.

Die alpinotype Strukturprägung mit ihrem Schuppen- und Deckenbau beschreibt KREBS in Anlehnung an Vorstellungen von SIMPSON und WUNDERLICH als eine das östliche Rhenoherzynikum von SE nach NW durchlaufende Faltungswelle, deren Zeitlichkeit durch das Wandern der oberdevonisch bis oberkarbonischen Flysch- bzw. der oberkarbonischen Molasseschüttungen bestimmt wird. Durch die Ablagerung der Alaunschiefer an der Basis des Unterkarbon-Flyschs (Liegende Alaunschiefer des Namur) werden Zeiten großräumiger paläogeographischer Umgestaltungen der Geosynklinale markiert, die mit einem kurzfristigen Nachlassen der Einengungstektonik verbunden sind. KREBS schlägt daher vor, die Begriffe „bretonisch", „sudetisch" und „asturisch" nicht mehr als Phasen im Sinne des orogenen Zeitgesetzes STILLEs aufzufassen, sondern sie für die Bezeichnung der Zeiträume zu verwenden, „in denen die orogene Einengung über Millionen von Jahren kontinuierlich durch Raum und Zeit fortschreitet und die von Zeiträumen relativer orogener Ruhe abgelöst werden". So könnten alle auf tangentiale Einengung zurückgehenden Bewegungen vor der *Pericyclus*-Stufe, d. h. vor Ablagerung der Liegenden Alaunschiefer, als „bretonisch", alle Bewegungen zwischen der Sedimentation der beiden Alaunschiefer, d. h. bis zum Beginn des Namur, als „sudetisch" und alle Bewegungen ab Namur als „asturisch" bezeichnet werden.

G. SCHWAB

KOEFOED, O.

The Application of the Kernel Function in Interpreting Geoelectrical Resistivity Measurements

Berlin—Stuttgart: Verlag Gebrüder Borntraeger 1968. 111 S., 47 Fig., 9 Taf.

Die theoretischen Grundlagen für die Interpretation geoelektrischer Sondierungskurven über einem horizontal geschichteten Untergrund wurden schon 1930 durch S. STEFANESCO und C. & M. SCHLUMBERGER dargelegt. Wenn auch wenig später darauf aufbauend L. B. SLICHTER erste praktische Hinweise für die Ableitung des elektrischen Vertikalprofils aus den gemessenen scheinbaren spezifischen Widerständen geben konnte, so waren doch diese Rechenoperationen für den Praktiker immer noch viel zu kompliziert, um in größerem Umfang Anwendung zu finden.

Von den Grundgleichungen des Potentials einer Punktquelle an der Grenze des geschichteten Halbraumes ausgehend, entwickelt der Verfasser nochmals die schon früher bekannte „Kernfunktion" $K(\lambda)$, die durch die Folge der elektrischen Schichtparameter, d. h. der verschiedenen Grenzflächentiefen und Widerstandsverhältnisse, bestimmt ist. Für den praktischen Gebrauch wird $K(\lambda)$ um $^1/_2$ erhöht und als „raised kernel function" — „erhöhte" Kernfunktion — bezeichnet.

SLICHTERs Gedankengängen folgend, besteht der Interpretationsvorgang darin, aus der gemessenen Sondierungskurve die erhöhte Kernfunktion zu bestimmen und daraus dann die gesuchten Schichtparameter abzuleiten. Dazu entwickelt O. KOEFOED eine Zerlegungsmethode, die darauf fußt, die Funktion des scheinbaren spezifischen Widerstandes als eine Summe von Teilfunktionen zu betrachten. Zu jeder Teilfunktion findet man eine partielle Kernfunktion, deren Summe die erhöhte Kernfunktion ergibt.

Für die Ableitung der Schichtenfolge aus der erhöhten Kernfunktion gibt der Verfasser zwei Lösungswege an:

1. Die erhöhte Kernfunktion wird entsprechend einem Vorschlag von C. L. PEKERIS in eine modifizierte Kernfunktion transformiert und im weiteren Auswertungsgang die Wirkung jeder Einzelschicht auf den Kurvenverlauf schrittweise von oben nach unten unter Erhalt der gesuchten Parameter bestimmt. Bei der Transformation in die modifizierte Kernfunktion können indessen wesentliche Kurvendetails verlorengehen.

2. Der erste Kurventeil der erhöhten mehrschichtigen Kernfunktion kann mit einer Zweischichtkurve ausgewertet werden. Darauf erfolgt die Transformation in eine n-1-schichtige Kernfunktion, die wieder in gleicher Weise behandelt wird, usw.

Für den praktischen Gebrauch sind dem Buch in der Anlage mehrere Kurvendiagramme beigefügt, die die rein handwerkliche Auswertung nach den beiden vorgenannten Methoden auch ohne tiefergehende mathematische Vorbildung ermöglichen. Hierzu wurde auch die Gesamtdarstellung des Stoffes in einen rein fundamental-theoretischen und handwerklich-praktischen Teil aufgegliedert. Mehrere Beispiele für verschiedene Kurventypen illustrieren recht anschaulich den Interpretationsvorgang.

Sicherlich bietet der Inhalt des Buches sowohl dem Theoretiker wie auch dem Praktiker einen guten Überblick über die gegenwärtigen mathematischen Möglichkeiten der Interpretation geoelektrischer Tiefensondierungen. Der Praktiker wird aber trotzdem nicht übersehen, daß die Auswertung einer Mehrschichtkurve durch die wiederholte Anwendung verschiedener Kurvendiagramme nach wie vor recht mühevoll ist und daß sich natürlich bei jedem Schritt der rein graphischen Arbeitsweise neue Fehler einschleichen können, die, am Ende summiert, je nach Kurventyp, nicht immer zu einem befriedigenden Resultat führen.

G. NOSSKE

Autorenkollektiv

Deep Sea Drilling Project, Leg 5

„Geotimes", Jg. 14 (1969), H. 7, S. 19—20

Die Bohrreise 5 des Deep Sea Drilling Project führte von San Diego durch den Nordostpazifik bis nach Honolulu. Auf den Bohrpunkten 32 bis 43 wurden 13 Bohrungen niedergebracht, die in Wassertiefen zwischen 3273 und 5405 m angesetzt waren und 9 bis 390 m tief in den Meeresboden eindrangen. Insgesamt wurden 1908 m abgebohrt. Dabei wurden 131 Bohrkerne mit einer Gesamtlänge von 1022 m erbohrt und 869 m Kerne entsprechend einem Bohrkernausbringen von 85% gewonnen. Die Reise endete am 5. Juni 1969.

Mit den niedergebrachten Bohrungen sollten die magnetischen Anomalien in der Pionier-Mendocino-Bruchzone geklärt und mit einem N—S-Profil (37—42) die Entwicklung des Äquatorialstromes und des Nordpazifikwirbels untersucht werden.

An den sechs Bohrpunkten 32, 34, 36, 37, 39 und 41 wurde der Basaltuntergrund erreicht. Jedoch konnten nur ungenügend Kerne gewonnen werden, gewöhnlich nur Bruchstücke. Die Bohrpunkte 37 bis 42 entlang dem Längengrad 140°W wurden in Wassertiefen zwischen 4500 bis 5300 m angesetzt, wobei fünf W—E gerichtete Bruchzonen große Höhenunterschiede bedingen. Der basaltische Untergrund ist nur von einer geringmächtigen Decke biogener Sedimente und zuoberst rotem fossilfreiem Tiefseeton überlagert, die selten über 50 m mächtig ist. Die nördlichen Bohrungen 38 und 39 trafen Kalkschlick mittlerer Breiten an, während die südlichen Bohrungen 40 bis 42 kalkig-kieseligen und kieseligen Schlick ausbrachten, der vor 40 bis 50 Millionen Jahren in einem tropischen Meer entstand. Er enthält das vollständigste Profil mit der Entwicklung der Radiolarien vom unteren Eozän bis zum Oberoligozän, das bisher beobachtet wurde.

Die in der Nähe des nordamerikanischen Kontinents angesetzten Bohrungen 32 bis 35 zeigten neben biogenen vorwiegend terrigene Sedimente. Vom oberen Miozän bis zum Pleistozän wurden verbreitet Turbiditsande und -schluffe angetroffen.

In einem mittleren Tal der Gorda Ridge (Bohrpunkt 35) wurden 390 m terrigenes Material des Pleistozäns durchteuft, ohne daß seine Grundlage erreicht werden konnte. Das Sediment muß mit mehr als 55 cm in 1000 Jahren abgelagert worden sein.

Die Bohrungen 33 und 34 trafen miozäne Hornsteine an, während die Bohrungen 40 und 42 in eozänen Hornsteinen abgebrochen werden mußten. H. Reh

Chajdarow, A. A.

Kerngeophysikalische Methoden der Analyse von Gesteinen und Erzen

Taschkent: Verlag Fan der Usbekischen SSR 1969. 212 S., 63 Abb., 110 Lit., Rb. 1,45

Aufbauend auf eine umfangreiche Auswertung der internationalen Fachliteratur unter besonderer Berücksichtigung der Arbeiten einschlägiger Institutionen der Usbekischen Akademie der Wissenschaften wird ein den Stand des Jahres 1966 repräsentierender Abriß der kerngeophysikalischen Analyse von Erzen und Anreicherungen nutzbare Minerale führender Gesteine gegeben. Behandelt werden Schnell-, Massen- sowie in Bohrlöchern ausführbare Analysenmethoden. Besonders eingehend ist die Untersuchung von Cu, Al, Au, W, Hg und Fluorit enthaltenden Proben bzw. Profilen dargestellt. K. Lehnert

Náray-Szabó, I.

Neorganičeskaja Kristallochimija

Budapest: Akadémiai Kiadó 1969. (russ.), 503 S.

Erstmalig wird vom Verfasser der Versuch unternommen, ein streng nach dem Periodensystem der Elemente gegliedertes System der Kristallstrukturen herauszubringen. Er baut dabei konsequent auf der Korpuskulartheorie der inneren Struktur anorganischer Substanzen auf. Die vorliegende Arbeit ist das Ergebnis einer mehr als 50jährigen Tätigkeit auf dem Gebiet der Kristallstrukturforschung.

Im ersten Teil wird eine 53 Seiten umfassende allgemeine Beschreibung des kristallinen Aggregatzustandes gegeben (geometrische Kristallographie, Raumgitter, Raumgruppen, Ideal- und Realkristall, Isomorphie, Polymorphie, Kristallchemie u. a.).

Der zweite, spezielle Teil bringt auf 454 Seiten die bis 1968 bekannten kristallchemischen Parameter von mehr als 2900 anorganischen Substanzen (Elemente, intermetallische Verbindungen, Verbindungen von Nichtmetallen, andere chemische Verbindungen). Meist in Tabellenform werden Angaben über Koordinationsverhältnisse, Atom- und Ionenabstände der betrachteten Phasen gemacht sowie die wichtigsten kristallographischen Daten vermittelt. Die Zahlenangaben werden durch sehr anschauliche schematische und räumliche Darstellungen der Kristallgitter ergänzt. Zahlreiche Hinweise auf Primärliteratur ermöglichen dem Leser, sich noch eingehender mit dem Stoff zu beschäftigen.

Die Arbeit mit dem vorliegenden Buch wird wesentlich erleichtert durch ein Sachverzeichnis (6 Seiten), ein 12 Seiten umfassendes Autorenverzeichnis und ein alphabetisch geordnetes Formelverzeichnis der im Text behandelten Substanzen (16 Seiten).

Allen auf dem Gebiet der Kristallchemie Tätigen kann dieses Nachschlagewerk empfohlen werden. P. Krüger

Autorenkollektiv

Expert meeting on the co-operative role of hydrogeology and geophysics in ground water exploration
Reports of the experts

Budapest 1969. 8 Vortragstexte in Mappe

Die Sammlung enthält die kompletten Texte von acht Vorträgen, die auf einem von der „International Association of Hydrogeologists" (IAH) und dem Ungarischen Nationalkomitee für das Internationale Hydrologische Jahrzehnt (IHD) unter der Schirmherrschaft der UNESCO im Jahre 1969 in Budapest veranstalteten Expertentreffen gehalten wurden. Die Vorträge vermitteln einen repräsentativen Überblick über den Stand der Einbeziehung der angewandten Geophysik in die Erkundung von Grund- und Tiefenwasser sowie ihre Leistungsfähigkeit zur Lösung anderweitiger hydrogeologischer Fragen.

Allgemeine Ausführungen über das Zusammenwirken der angewandten Geophysik und der Hydrogeologie erfolgten durch Vecchia (Italien), Flathe (Westdeutschland), Ogilvy (UdSSR) sowie Gálfi u. a. (UVR), letztere in Verbindung mit der Diskussion zahlreicher Beispiele für die erfolgreiche praktische Einbeziehung geophysikalischer Methoden in die Erkundung von Grund- und Tiefenwässern von der Oberfläche her wie auch durch Bohrlochmessungen. Die Lösung spezieller in ihren Ländern bestehender hydrogeologischer Probleme mittels der Geoelektrik behandelten Mijatović (Jugoslawien), Munck (Frankreich) und Walter (Niederlande). Ein Vortrag von Keys (USA) war der Bedeutung der Bohrlochgeophysik in der Hydrogeologie gewidmet. K. Lehnert

Liesche, H., & K. H. Paschke

Beton in aggressiven Wässern
Taschenbücher für das Bauwesen

5. neue bearb. Aufl., Berlin: VEB Verlag für Bauwesen 1969. 240 S., 18 Bilder, 30 Taf., 1 Beil.

Die Beliebtheit dieses Taschenbuches zeigt sich darin, daß seit 1962 nunmehr schon die 5. Auflage erschienen ist. Die Verfasser wenden sich vor allem an den Praktiker, den Bauingenieur, oder Projektanten und zeigen ihm anhand dieses Buches die Komplexität der möglichen Betonkorrosion. Die Neuauflage wurde in einigen wesentlichen Punkten ergänzt und überarbeitet, so u. a. die chemischen Grundlagen der Wechselwirkung von Beton und den aggressiven Wässern, der Einfluß der Dichte des Betons, die Fließgeschwindigkeit des Wassers, der Wechsel des Wasserstandes und die Erhöhung der Temperatur. Die zunehmende Anwendung von Zusatzmitteln für den Beton erforderte eine Erweiterung dieses Abschnittes ebenso wie über die Verteilung und Größe des Porenraumes in Abhängigkeit vom Wasser: Zement-Verhältnis.

Zu begrüßen ist die Zusammenfassung der auf dem Gebiet der Betonkorrosion vorhandenen Standards und Vorschriften. Neu ist auch der Abschnitt über die Untersuchung des Betons im Laboratorium und die Bestimmung des Betonangriffs.

Die große Bedeutung, die in Zukunft der Anwendung spezieller und korrosionsresistenter Zemente zukommt, sollte zu einer stärkeren Charakterisierung dieser Baustoffe im 1. Abschnitt führen. So fehlen in den Tabellen (1, 2) teilweise die Angaben für den sulfatresistenten Portlandzement (SPZ), obwohl dieser schon seit einigen Jahren in der DDR produziert wird, ebenso genügt die Darstellung seiner allgemeinen und spezifischen Eigenschaften (S. 32) nicht den Ansprüchen.

In der Beschreibung über den SPZ sollte es wohl auch richtig heißen: „... er wird hergestellt durch Vermahlung eines trikalziumaluminatarmen Portlandzementklinkers". Die auf S. 28 gegebene Reihenfolge der Widerstandsfähigkeit der Zemente stimmt beim SPZ ebenfalls nicht mit der Reihenfolge des Gehaltes an freiem CaO und C_3S überein.

Vermißt wird auch bei der Beschreibung der Zuschlagstoffe die Möglichkeit der Verwendung von Filteraschen und ihr Einfluß auf den Beton sowie die Eigenschaften des Puzzolanzements.

Trotz dieser kritischen Hinweise, die bei einer Neuauflage berücksichtigt werden müßten, bietet dieses Taschenbuch eine wertvolle Hilfe bei der Bearbeitung der sehr komplizierten Probleme des Tiefbaus sowie der Abdichtung von Zuflüssen oft stark aggressiver Medien in Bergwerken oder Bohrlöchern. K. Schulze

Marshall, C. E.

The Physical Chemistry and Mineralogy of soils, Volume I: Soil Materials

New York—London—Sydney: Verlag John Wiley and Sons, Inc., 1964. 388 S., 116 Abb., 33 Tab.

Unter umfassender Berücksichtigung physikalisch-chemischer und mineralogischer Gesichtspunkte werden in diesem Band die Bodeneigenschaften auf der Grundlage der vorhandenen austauschbaren Ionen und der sie bindenden Energie behandelt. Zunächst wird allgemein die Methodik der Anwendung der physikalischen Chemie auf Bodensysteme dargelegt. Die Bodenmineralogie wird mit der modernen Strukturanalyse der Aluminosilikate eingeleitet. Dieses Kapitel enthält die Mineralogie und Chemie von Sand und Schluff, dem die Besprechung der kolloidalen Minerale der Böden folgt. Die Tonminerale erfahren dabei eine besondere Beachtung. Die physikalisch-chemischen Eigenschaften der humosen Bodenbestandteile werden als nächstes behandelt. Nach einem Abschnitt über die molekulare Adsorption der Erdstoffe werden die elektrochemischen Eigenschaften der Tone erläutert. Darauf folgen zwei Kapitel über Ionenaustausch- und Fixationsreaktionen.

Zum Schluß geht der Verfasser auf die elektrokinetischen und mechanischen Eigenschaften der Tonsuspensionen und Pasten ein. Das Schwergewicht liegt hier auf den Oberflächeneigenschaften, d. h. der Kolloidchemie dieser Stoffe in ihrer Beziehung zu der mineralogischen Struktur.

Das Buch gibt die in der letzten Zeit immer stärker zunehmende Verflechtung von Bodenkunde, Chemie und Mineralogie wieder. Es ist deshalb für alle Fachleute, die sich unter den verschiedensten Aspekten mit der Bodenkunde befassen, von besonderem Wert. Der gegenwärtig vorbereitete zweite Band wird die natürlichen Böden behandeln. G. Schwokowski

Smith, G. N.

Elements of soil mechanics for civil and mining engineers

London: Crosby Lockwood and Son, Ltd., 1968. 341 S., zahlr. Abb.

Der Autor sieht sich selbst in erster Linie als Ingenieur und erst in zweiter Linie als Lehrer. Er schrieb sein Buch daher speziell für den in der Praxis tätigen Bodenmechaniker. Bei den Bodeneigenschaften wird die Versuchsmethodik nur gestreift, auf die Beziehungen zwischen den einzelnen Kennwerten jedoch großer Wert gelegt. Der Schwerpunkt im Kapitel „Bodenwasser" liegt auf den Strömungsvorgängen. Anschaulich werden die Konstruktion von Strömungsnetzen, das kritische Gefälle sowie der Aufbau von Filtern dargelegt und die Anwendung bei Erddämmen gezeigt. Der Scherfestigkeit räumt der Autor breiten Raum ein und unterstreicht damit ihre Bedeutung. Der Zusammenhang zwischen den Normal- und Schubspannungen wird in einfacher Weise am Mohrschen Kreis erläutert. Anschließend werden die verschiedenen Triaxialversuchsarten sowie die Ermittlung der effektiven Scherfestigkeitsparameter erklärt. In logischer Folge wird danach auf die Skemptonschen Porendruckparameter und die Scherfestigkeit bei normal- und überkonsolidierten Böden eingegangen. Im Kapitel Standsicherheit von Böschungen erfolgt unmittelbar die erste Anwendung der Grundlagen. Die Standsicherheitsuntersuchung mit totalen Spannungen wird an dem Schwedischen Verfahren und mit effektiven Spannungen an dem Verfahren von Bishop demonstriert. Die Wiedergabe der Diagramme von Taylor sowie von Bishop und Morgenstern erhöhen den Wert des Buches für den praktischen Gebrauch. Das Kapitel „Erddruck" umfaßt auch den Erdwiderstand für kohäsionslose und kohäsive Böden. Die Anwendung erstreckt sich auf Stützmauern, Spundwände, Tunnel und Gewölbe. Das Kapitel „Ermittlung der Spannungen" beinhaltet u. a. die Anwendung des Verfahrens von Steinbrenner und Newmark sowie die Bestimmung der Spannungsverteilung unter einer Schüttung nach Jürgenson und leitet über zu dem Kapitel über die Tragfähigkeit des Bodens. Die Ermittlung der Grenztragfähigkeit nach der Erddrucktheorie sowie nach der Plastizitätstheorie wird erläutert. Wertvoll sind die Ausführungen über die dafür geeigneten In-situ-Prüfungen wie z. B. Lastplattenversuche und Standard-Penetration-Test. Im Kapitel „Setzungen" wird auch auf die Bestimmung der Steifezahl, die Volumenänderungen und die Spannungspfade eingegangen. Dem zeitabhängigen Setzungsverlauf ist ein eigenes Kapitel vorbehalten, in dem auch die zwei- und dreidimensionale Konsolidation behandelt werden. Probleme, die mit der Verdichtung in Zusammenhang stehen, werden danach erläutert. Den Abschluß bilden Ausführungen über Aufschlußmethoden.

Beim eingehenden Studium dieses auf den ersten Blick simpel erscheinenden Büchleins muß man feststellen, daß es in knapper Form das Wesentliche aus der Bodenmechanik für den Praktiker enthält und, wenn man von rheologischen Problemen absieht, dem modernsten Wissensstand entspricht. Trotz seiner Kürze enthält das Buch im Anschluß an jedes Kapitel weitere Literaturhinweise sowie sorgfältig ausgewählte Anwendungsbeispiele. G. Schwokowski

Šuklje, L.

Rheological aspects of soil mechanics

London—New York—Sydney—Toronto: Verl. John Wiley and Sons, Ltd., 1969. 571 S., zahlr. Abb.

Die Grundlagen der klassischen Bodenmechanik werden ebenso wie die modernen Auffassungen behandelt. Die Auswahl der Theorien und Verfahren erfolgt jedoch unter rheologischem Gesichtspunkt. Beide existierenden Richtungen erfahren hinsichtlich ihrer Anwendbarkeit und ihrer Grenzen Berücksichtigung. In dem einen Falle erfolgt eine intuitive Definition eines bestimmten rheologischen Modells. Die entsprechenden Beziehungen zwischen Spannungen, Verformungen und Zeit werden dann abgeleitet und mit den Versuchsergebnissen verglichen. Im anderen Falle liefert der Versuch die Spannungs-Verformungs-Zeit-Beziehung. Diese gestattet dann die Berechnung für bestimmte Spannungszustände. Der Autor schätzt kritisch ein, daß Elektronenrechner heute die Anwendung von Theorien auf der Grundlage komplexer rheologischer Beziehungen selbst für verschiedenste Randbedingungen ermöglichen. Der Anwendung auf praktische geotechnische Aufgaben sind jedoch wegen der in den nichtlinearen Beziehungen enthaltenen zahlreichen Parametern sowie bei komplizierten Randbedingungen Grenzen gesetzt. Darüber hinaus stellt die Ermittlung der zahlreichen physikalischen Kennwerte bereits bei einem homogenen Boden eine mühevolle Aufgabe dar. Die Bestimmung der Verschiebungen in heterogenen und anisotropen Erdkörpern erfordert einen Versuchs- und Rechenaufwand, der außerhalb der praktischen Ingenieurmöglichkeiten liegt. Die Mannigfaltigkeit der Probleme verlangt vereinfachende Annahmen für die verschiedenen Fälle. Dem Autor ist es gelungen, unterschiedlichste theoretische Auffassungen und Untersuchungsmethoden bezüglich des rheologischen Verhaltens von Böden nicht nur anzuführen, sondern sie auf ihre Anwendbarkeit zu prüfen, den Einfluß der einzelnen rheologischen Faktoren darzulegen und die Auswahl der geeigneten Vereinfachungen zu erleichtern.

Den umfangreichen Stoff gliedert der Autor wie folgt: 1. Grundlagen der Kontinuumsmechanik, 2. Experimentelle und theoretische Grundlagen der eindimensionalen Konsolidation ohne seitliche Verformung, 3. Experimentelle und theoretische Grundlagen der dreidimensionalen Konsolidationsanalyse, 4. Anwendung der Konsolidationsanalyse auf den Halbraum und auf Erdbauwerke, 5. Dauerstandfestigkeit von Böschungen, 6. Kriechen und Entspannungseinflüsse auf den Erddruck. G. SCHWOKOWSKI

Neuerscheinungen und Literaturhinweise

. . .

Geologischer Bau der UdSSR
Bd. 4: Verteilung von Lagerstätten nutzbarer Bodenschätze auf dem Territorium der UdSSR
Verl. Nedra, Moskau 1968. – 504 S.

WOLAROWITSCH, M. P., & G. A. SOBOLEW

Die piezoelektrische Methode der geophysikalischen Erkundung von Quarz- und Pegmatitgängen
Verl. Nauka, Moskau 1969. – 130 S., 67 Abb., 3 Tab.

. . .

Ökonomische Geographie der Deutschen Demokratischen Republik
Bevölkerung, Siedlungen, Wirtschaftsbereiche
Verl. VEB Hermann Haack, Gotha–Leipzig 1969. – 614 S.

. . .

Organisation und Leitung
Akad.-Verl., Berlin 1969. – 162 S. (Sammlg. Akad.-Verl., Philosophie, 6.)

DOBROW, G. M.

Das Wissenschaftspotential
Verl. Naukowa dumka, Kiew 1969. – 150 S.

GARSCHA, J.

Zeitfaktor und Produktionsstruktur. Grundfragen und Methoden zur Beachtung des Zeitfaktors bei der Planung
Verl. Die Wirtschaft, Berlin 1969. – 184 S.

. . .

Ideen — Projekte — Produktionen. Aktuelle Fragen in Forschung und Entwicklung
Verl. Die Wirtschaft, Berlin 1969. – 236 S,

PFANNKUCH, H.-O.

Elsevier's dictionary of hydrogeology. English — French — German
Verl. Elsevier, Amsterdam 1969. – 168 S.

MANTHEY, W.

Methodische und apparative Beiträge für kontinuierliche Senkungs- und Neigungsbeobachtungen
Verl. Grundstoffindustrie, Leipzig 1969. – 56 S.

. . .

Aufbereitung von Lagerstätten nutzbarer Bodenschätze — 1968
Itogi nauk intechniki, Moskau 1969. – 79 S.

AMARJAN, L.

Stabilität und Verformbarkeit von Torfböden
Verl. Nedra, Moskau 1969. – 190 S.

DUBROWA, G.

Methoden der Berechnung des Erddrucks für Verkehrsbauten
Verl. Transport, Moskau 1969. – 231 S.

DASCHKEWITSCH, S.

Paläogeographie
Verl. Leningrader Univ., Leningrad 1969. – 149 S.

NARAY-SZABÓ, I.

Kristallchemie
Verl. Akad. nauk Vengrii, Budapest 1969. – 503 S.

FINSTERWALDER, R.

Photogrammetrie
Verl. de Gruyter, Berlin 1968. – 455 S.

COOPER, B., & T. G. GASKELL

North sea oil — the great gamble
Verl. Heinemann, London 1967. – 178 S.

Informationen

Über die Ergebnisse des Volkswirtschaftsplans der UdSSR im Jahre 1969

Der sozialistische Wettbewerb der sowjetischen Werktätigen zu Ehren des 100. Geburtstages von W. I. LENIN und für eine vorzeitige Erfüllung des Fünfjahrplanes wird ständig durch neue Erfolge gekennzeichnet. Wie aus dem statistischen Bericht über die Erfüllung des Volkswirtschaftsplanes der UdSSR für das Jahr 1969, dem vierten Jahr des Fünfjahrplanes, hervorgeht, wurde auch im Vorjahr wieder ein Anwachsen der gesellschaftlichen Produktion und des Lebensstandards der Werktätigen erreicht. Aus dem Bericht, der in der „Prawda" veröffentlicht wurde, bringen wir nachstehende Auszüge.

Das Wachstumstempo der Volkswirtschaft wird durch folgende Eckziffern gekennzeichnet (s. nebenstehende Tab.).

	1969 gegenüber 1968, in %
Nationaleinkommen	106
Industrieproduktion,	107
darunter Abteilung A	106,9
Abteilung B	107,2
Arbeitsproduktivität in der Industrie	104,8

In den vier Jahren des Fünfjahrplanes wurden die Direktiven des XXIII. Parteitages der KPdSU über das Wachstum der Hauptkennziffern erfolgreich erfüllt.

Zur Erhöhung der Effektivität der Produktion wurde 1969 die Überführung der Betriebe und Industriezweige der Volkswirtschaft in das neue System der Planung und ökonomischen Stimulierung fortgesetzt. Gegen Ende des Jahres arbeiteten nach dem neuen System 36000 Industriebetriebe, die 83,6% der gesamten Industrieproduktion erzeugten.

Der Jahresplan der Industrieproduktion wurde erfüllt. Das Wachstum der Produktion beläuft sich auf 7%. Mit dem höchsten Tempo entwickelten sich die Zweige der Industrie, die den technischen Fortschritt der gesamten Volkswirtschaft gewährleisten, wie Elektroenergie, Maschinenbau, Chemie und Petrolchemie. Insgesamt betrug das Wachstum der Industrieproduktion in den vier Jahren des Fünfjahrplanes 39% gegenüber 36–38% der vorgegebenen Kennziffern für diese Jahre.

Die Produktion einzelner Betriebszweige hat sich im Vergleich zu 1968 erhöht.

Elektroenergie	um 9%
Brennstoffindustrie	um 5%
Schwarz- und Buntmetallurgie	um 4%
chemische und erdölchemische Industrie	um 10%

Die Produktionspläne der einzelnen Wirtschaftszweige wurden u. a. erfüllt:

	Prozente der Erfüllung des Jahresplanes	1969 gegenüber 1968, in %
Ministerium für Energie und Elektrifizierung	102	109
Ministerium für erdölfördernde Industrie	101	106
Ministerium für erdölverarbeitende und petrolchemische Industrie	100,5	107
Ministerium der Gasindustrie	95	108
Ministerium der Kohleindustrie	102	103
Ministerium für Schwarzmetallurgie	99,94	103
Ministerium für Buntmetallurgie	100,1	107
Ministerium der chemischen Industrie	99,1	111

Die Produktion der Industrieerzeugnisse betrug:

	Produziert 1969	1969 im Vergleich zu 1968, in %
Elektroenergie (Mrd. kWh)	689	108
Erdöl (Mill. t)	328	106
Erdgas (Mrd. m³)	183	107
Kohle (Mill. t)	608	102
darunter für die Verkokung	161	105
Roheisen (Mill. t)	81,6	104
Stahl (Mill. t)	110	104
Eisenerze (Mill. t)	186	105
Soda, kalziniert (1000 t)	3462	105
Soda, kaustische (1000 t)	1813	109
Schwefelsäure (1000 t)	10664	105
Zement (Mill. t)	89,8	103

Im Vergleich zum vergangenen Jahr ergaben sich folgende Zuwachsraten: Elektroenergie 50 Mrd. kWh, Erdöl 19 Mill. t, Erdgas 12 Mrd. m³, Kohle 14 Mill. t, Stahl 3,8 Mill. t, mineralische Düngemittel 2,5 Mill. t. Die Produktion von Aluminium, Blei, Kupfer, Zink, Nickel, Titan und anderen Metallen sowie der Petrolchemie und Erdölverarbeitung stieg weiter an.

1969 wurden neue Lagerstätten an Erdgas, Erdöl und Erzen für die Schwarz- und Buntmetallurgie sowie andere mineralische Rohstoffe erkundet. Die Rohstoffbasis des Landes wurde durch den Nachweis neuer mineralischer Vorräte erweitert.

Die Arbeitsproduktivität erhöhte sich in der Industrie im Vergleich zum Vorjahr um 4,8%. Der Gewinn stieg in der Industrie um 10%, und die Selbstkosten wurden weiter gesenkt.

Im vergangenen Jahr wurden in allen Zweigen der Volkswirtschaft neue Produktionskapazitäten in Betrieb genommen. So entstanden 350 neue Industriegroßbetriebe. Eine große Anzahl bereits bestehender Betriebe wurde durch neue Werkabteilungen erweitert. Diese Entwicklung wird durch folgende Angaben gekennzeichnet:

	Neue Produktionskapazitäten
Elektrokraftwerke (Mill. kW)	12
Kohle (Mill. t)	13,3
Roheisen (Mill. t)	3,3
Stahl (Mill. t)	6,5
Eisenerze (Mill. t)	15,9
Mineraldünger (Mill. t)	11
Zement (Mill. t)	1,9
Erdgashauptleitungen und Abzweigungen (1000 km)	7,3
Erdölhauptleitungen (1000 km)	2,7

Das Nationaleinkommen erhöhte sich in einem Jahr um 6%; während der vier Jahre des Fünfjahrplanes erhöhte sich das Nationaleinkommen um 31%, das entspricht ebenfalls dem in den Direktiven des Fünfjahrplanes vorgesehenen Tempo.

Steigerung der sowjetischen Erdöl-Erdgas-Förderung

Das hohe Wachstumstempo der Erdölförderung in der Sowjetunion soll auch in den kommenden Jahren beibehalten werden. Der Plan für 1975 sieht ein Volumen von 450 Mill. t vor, gegenüber 328 Mill. t 1969. Die Erdgasgewinnung erhöht sich bis zu diesem Zeitpunkt auf 300 Mrd. m³, was im Verhältnis zu 1969 eine Zunahme von 75% bedeutet.

Erdöl nördlich des Polarkreises

Ein Erdölvorkommen, das täglich 400 t liefert, ist auf der sowjetischen Halbinsel Jamal jenseits des Polarkreises erschlossen worden. Außer diesem Vorkommen entdeckten die Geologen auch zwei Erdgasvorkommen, deren Ausmaße bisher noch nicht exakt ermittelt werden konnten. Damit wird die Auffassung vieler sowjetischer Wissenschaftler erneut bestätigt, daß unter dem Nordpolarmeer riesige Mengen an Erdöl und Erdgas lagern.

Erdgas vom Grund des Kaspischen Meeres

In einem neuen sowjetischen Erdgasrevier, 40 km südöstlich von Baku, ist jetzt vom Grunde des Kaspisees die Gasförderung aufgenommen worden. Aus zwei Bohrungen strömt das Gas durch eine 20 km lange, am Meeresboden verlegte Gasleitung zum Festland.

Im Vorkommen „Bachra" werden z. Z. weitere fünf Bohrungen von Stahlinseln aus in etwa 5300 m Tiefe niedergebracht.

Mit dem Fündigwerden der ersten Sonden wurde eine 13jährige Arbeit aserbaidshanischer Geologen mit Erfolg gekrönt. Die Bohrarbeiten waren besonders schwierig, weil der Meeresboden in diesem Gebiet vulkanischen Ursprungs ist.

Japanische Erdgasspeicherung

In Japan werden in entölten Erdgasbohrungen erfolgreich Untertagespeicherversuche mit Erdgas durchgeführt. Im Bezirk Niigata wurden durch 30 aufgegebene Gasbohrungen bei Sekihara 4 Mill. m³ Erdgas in eine rd. 900 m tief liegende, ehemals gasführende Schicht gepumpt und nach 4 Monaten wieder abgezogen. Der Gasverlust betrug nur 4%.

Karte magmatischer Gesteine der UdSSR

Eine Karte der magmatischen Gesteine der Sowjetunion ist in Leningrad zusammengestellt worden. An der Bearbeitung und Herausgabe dieses Kartenwerkes haben sich mehrere sowjetische Forschungsinstitute beteiligt.

Sowjetische Geologen erklärten, daß das Studium der Verteilung der Gesteine, die sich infolge der magmatischen Tätigkeit gebildet haben, gestatte, bestimmte Typen von Zonen mit Bodenschätzen festzustellen. So wurde beispielsweise der vulkanogenetische Gürtel Ochotsk–Tschuktschenhalbinsel im Nordosten der Sowjetunion entdeckt, der sich über 3300 km erstreckt und sich durch seine Goldvorkommen auszeichnet.

Eine Analyse der Karte bestätigte ferner die Hypothese von der Reihenfolge magmatischer Prozesse bei der Bildung der Erdkruste. Die Karte ist auf Grund geologischer Aufnahmen entworfen worden, die im Laufe mehrerer Jahrzehnte in allen Teilen der Sowjetunion gemacht wurden.

Geologen der UdSSR helfen in Kuba

Seit 1961 helfen sowjetische Geologen in Kuba bei der Erkundung und Erschließung volkswirtschaftlich wichtiger Lagerstätten, vor allem von Kupfer und Nickel. Sie schufen das wissenschaftliche Fundament für eingehendere Erkundungen. Die Insel verfügt über große mineralische Vorkommen an industriell nutzbaren Erzen für die Gewinnung von Nickel, Kobalt, Chrom, Mangan, Kupfer, Schwefelkies, Bimetallen und Gold. Asbest, Wolfram, Blei, seltene Metalle und Phosphorite gehören ebenfalls zu den Bodenschätzen. Die amerikanischen Monopole hatten einige dieser Vorkommen rücksichtslos ausgebeutet. Als die Volksrevolution sie aus dem Lande jagte, vernichteten sie alle Unterlagen. Da der Volksmacht die qualifizierten Kräfte fehlten, halfen sozialistische Staaten mit erfahrenen Geologen. Mit sowjetischer Hilfe gelang es beispielsweise, die Nickelförderung zu steigern.

Rohstoffperspektivprogramm der VAR von 1970 bis 2000

Eine 30-Jahr-Planung für die Suche, Förderung und Verarbeitung von Rohstoffen wurde vom Bergbauministerium der VAR ausgearbeitet. Die in bestimmten Zonen der östlichen und westlichen Wüstengebiete vor vier Jahren begonnenen geophysikalischen und geologischen Luft- und Bodenaufnahmen sollen bis 1974/75 beendet werden. Bis 1990 sollen die gleichen Arbeiten für das Gesamtgebiet der VAR durchgeführt sein.

Im Rahmen des Rohstoff-Perspektivprogramms bis zum Jahre 2000 besitzt der Teilplan für die Gebiete am Roten Meer besondere Bedeutung. Ab 1980 soll dort auf der Grundlage der neuentdeckten Rohstoffe ein Industriezentrum entstehen. Es ist geplant, die zu errichtenden Fabriken mit einheimischem Erdgas zu versorgen.

Uranerkundung in den USA

Die forcierte Uranerkundung in den USA wird von 49 kapitalistischen Unternehmen durchgeführt. Von 1967 bis 1969 wurden 16,4 Mill. Bohrmeter geteuft. Bis Ende dieses Jahres sollen weitere 4,1 Mill. Bohrmeter niedergebracht werden. Die Gesamtkosten werden 77 Mill. US-Dollar oder 5 Dollar für einen Meter Bohrung betragen. Dabei sind im Teufenbereich von 90 bis 150 m 4,9 bis 7,4 Dollar und im Teufenbereich bis 600 m 10 bis 13 Dollar je Bohrmeter veranschlagt. Für die Erkundung neuer Uranerzlagerstätten bis 1980 soll ein Gesamtbetrag von 1,5 Mrd. Dollar bereitgestellt werden.

Die amerikanische Kommission für Atomenergie betrachtet nur solche Uranerzlagerstätten als industriell verwertbar, bei denen 1 kg aufbereitetes U_3O_8 die Kosten von 17,6 US-Dollar nicht überschreitet. Dies entspricht einem U_3O_8-Gehalt von 0,2% im Erz.

Die in den USA vorhandenen Uranvorräte von 200000 t werden Mitte der 70er Jahre verbraucht sein, während bis zum Jahre 1980 allein 500000 t zur Sicherstellung des voraussichtlichen Bedarfs der Atomkraftwerke erforderlich sind.

Kalisalzabbau unter der Ostsee

Die im Jahre 1963 von polnischen Geologen unter der Ostsee entdeckten Kalisalzlagerstätten sollen in nächster Zeit erschlossen werden. Die Kalisalzvorkommen auf dem Festland liegen bekanntlich so tief, daß sie kaum genutzt werden können.

Die Kalilagerstätten unter der Ostsee sind von beträchtlicher Mächtigkeit. Ihre Zusammensetzung gestattet, sie nach Abbau und Zerkleinerung ohne weitere Verarbeitung als Düngemittel zu verwenden. Die Kalischächte werden vollautomatisiert arbeiten.

Kanadische Kalisalzlagerstätten

Die Kalilagerstätten Saskatchewans, die bis zu Teufen von 2400 m reichen, sind mitteldevonischen Alters. Das zum Abbau gelangende Material besteht meist aus Sylvinit mit Gehalten von 25—30% K_2O. Die Mächtigkeit der Lagerstätten beträgt 1,5—3,0 m. Bei einem bergmännischen Ausbringen von 80% wird mit Vorräten von 6,4 Bill. t gerechnet. 1971 werden 10 Kaliwerke mit einer Kapazität von 11,7 Mill. t/a arbeiten. Das gewonnene Haufwerk wird gemahlen und flotiert.

Salzmineralsuche in den Niederlanden

Nachdem der Royal Dutch/Shell-Trust eine verbesserte Abbautechnik für Salzmineralien in größerer Tiefe entwickelt hat, entschloß man sich jetzt zu Aufschlußarbeiten in der niederländischen Provinz Groningen, die möglicherweise auch auf den westdeutschen Teil der Emsmündung übergreifen werden.

Die niederländische Regierung erteilte bereits Bohrgenehmigungen für die Provinzen Friesland, Groningen und Drenthe. Zunächst soll bei Uithuizermeeden an der niederländischen Nordseeküste südlich von Borkum gebohrt werden. Das Ergebnis wird zeigen, ob die gesuchten Salzmineralien in abbauwürdiger Menge vorhanden sind.

Inzwischen hat der Shell-Konzern auch bei den westdeutschen Bergbehörden eine Untersuchungs- und Bohrermächtigung in der Emsmündung beantragt.

Bau bulgarischer Kernkraftwerke

Zur weiteren Steigerung des bulgarischen Energieaufkommens wurde im vergangenen Jahr bei Kostudui an der Donau mit den Bauarbeiten für das erste bulgarische Kernkraftwerk begonnen. 1974 soll der erste und 1975 der zweite Reaktor der für eine Gesamtleistung von über 800 MW projektierten Anlage in Betrieb genommen werden. Der Plan für die Errichtung weiterer Atomkraftwerke sieht vor, daß diese im Jahre 1980 13 bis 14 Mrd. kWh Strom an das Verbrauchernetz abgeben sollen. Damit würden 25% der Energiebilanz auf die Kernkraftwerke entfallen.

Das größte Wasserkraftwerk der SR Rumänien

Am Lotru, einem Nebenfluß des Olt in den Südkarpaten, entsteht gegenwärtig das größte Wasserkraftwerk der SR Rumänien. Die in Form eines Dreiecks mit Seitenlängen von 80—60—40 km angelegte Baustelle zeigt, daß das Stauwerk größer wird als die Wasserkraftwerke am Bicaz und am Argeș zusammen. Der Stausee, der in 1300 m Höhe aufgestaut werden soll, wird von 90 Flüssen und Bächen gespeist, die zum Teil durch insgesamt 150 km lange künstliche Tunnelstrecken unter Tage gesammelt werden. Die Fallhöhe zwischen Ober- und Unterwasser wird insgesamt 800 m betragen. In der Umgebung des Stausees hat der Bau von Erholungs- und Sportzentren für in- und ausländische Touristen begonnen.

Institut in Bukarest beging 20jähriges Bestehen

Die Mitarbeiter und Studenten des Instituts für Erdöl, Erdgas und Geologie in Bukarest konnten im vergangenen Jahre auf das 20jährige Bestehen ihrer Lehranstalt zurückblicken. Die 250 Mitglieder des Lehrkörpers, darunter 9 Akademiemitglieder und 84 Doktoren, unterrichten an 4 Fakultäten. Während seines Bestehens legten am Institut 4000 Studenten ihre Diplomprüfungen ab. Im gleichen Zeitraum wurden 90 Dissertationen mit Erfolg verteidigt. Ein Fünftel der Studenten, die heute an diesem Institut lernen, sind Ausländer aus 36 Staaten. Im Laufe der 20jährigen Existenz des Instituts erwarben 840 ausländische Studenten aus 56 Ländern das Diplom oder den Doktortitel als Bergingenieur.

Salinenmuseum in Halle

Ende des vergangenen Jahres wurde auf dem ehemaligen Salinengelände in Halle an der Saale ein Salinenmuseum eröffnet. Hier wird in Anlehnung an die Technik des 18. Jahrhunderts in einem alten Gebäude die Salzgewinnung aus heimischer Sole gezeigt. Durch die Wiedererrichtung einer Salzpfanne wird die Produktion herkömmlicher Art demonstriert.

Meerwasserentsalzung in Begdasch

Die erste sowjetische industrielle Meerwasserentsalzungsanlage mittels Elektrodialyse mit Ionenaustauschern wurde im chemischen Kombinat Karabogazgolsulfat in Begdasch am Ostufer des Kaspischen Meeres in Betrieb genommen. Die Entsalzungskapazität der Anlage ist so groß, daß das gesamte Kombinat mit Trinkwasser versorgt wird.

3000 Höhlen topographisch vermessen

Die Speläologen der UdSSR sind in der Sektion Höhlenforschung beim Zentralamt für Touristik zusammengefaßt. Die ca. 1000 eingetragenen Mitglieder konnten im vergangenen Jahre auf das 10jährige Bestehen ihrer Vereinigung zurückblicken. Wurden in den ersten Jahren nur ca. 300 Höhlen wissenschaftlich untersucht, so stieg ihre Zahl jetzt auf über 3000.

Alle Höhlen wurden topographisch aufgenommen. In Kaukasien wurde eine tektonische Bruchstelle mit einer großen Anzahl von unterirdischen Höhlen entdeckt. Davon sind sechs über 300 m tief. Eine dieser Höhlen, die Nasarowskaja-Höhle, wurde in den letzten Jahren intensiv erforscht. In ihr konnte der neue Tiefenrekord der sowjetischen Speläologen von 500 m gemessen werden.

Farbsortiermaschine für Industrieminerale

Die Firma Gunsons Sortex, Ltd., London, brachte eine elektronisch gesteuerte Sortiermaschine für Industrieminerale auf den Markt. Das Gerät sortiert durch Messung der Oberflächenreflexion Mineralteilchen von 19 bis 50 mm Korngröße. Die Reflexionslichtenergie erzeugt ein elektronisches Signal, das bei auszuscheidenden (also meist dunkler gefärbten) Teilchen einen Druckluftstrom auslöst, der dieses aus der freien Fallrichtung ablenkt. Dadurch entstehen zwei Materialströme, bestehend aus den hochwertigen und den minderwertigen Teilchen. Als bewährtes Anwendungsgebiet wird die Aufbereitung von Schwerspat, Kalkstein, Kreide, Dolomit, Feuerstein, Gips, Magnesit, Steinsalz, Braunstein, Quarz, Talk und Marmor genannt. Die Leistung des Geräts beträgt bis 8 t/h.

Durch Zusatzgeräte kann ein Korngrößenbereich von 6 bis 150 mm erfaßt werden. P. KRÜGER

1. Internationales wissenschaftliches Symposium für Markscheidewesen, Grubengeologie und Lagerstättengeometrie

Das 1. Internationale wissenschaftliche Symposium auf dem Gebiet des Markscheidewesens, der Grubengeologie und der Lagerstättengeometrie fand vom 25. bis 30. August 1969 in Prag unter der Schirmherrschaft des Föderalausschusses für die Industrie der ČSSR statt.

Die wissenschaftliche Veranstaltung führte 320 Fachleute aus der ČSSR mit 140 ihrer Fachkollegen aus 19 Staaten des sozialistischen und kapitalistischen Auslandes zusammen.

Der Delegation der Kammer der Technik der DDR gehörten Markscheider der verschiedenen Bergbauzweige, des Staatssekretariats für Geologie und der Obersten Bergbehörde an.

Das Symposium diente einem weitgespannten internationalen Informations- und Erfahrungsaustausch über neue wissenschaftliche Erkenntnisse, technische Erfahrungen und praktische Ergebnisse des Markscheidewesens, die mit ca. 50 Vorträgen in fünf thematischen Sektionen behandelt wurden:

Sektion I	Neue Arbeitsmethoden im Markscheidewesen
Sektion II	Bergmännische Geologie und Geometrie mineralischer Lagerstätten
Sektion III	Einflüsse des Unterteufens und Schutz der Oberfläche sowie der Grubenbaue
Sektion IV	Markscheiderische und geologische Dokumentation
Sektion V	Randgebiete und allgemeine markscheiderisch-bergmännische Probleme

Die Vorträge wurden in einer der offiziellen Symposiumssprachen Deutsch, Englisch, Französisch, Russisch, Tschechisch gehalten und simultan übersetzt.

Für die Dauer des Symposiums waren eine Ausstellung mit modernen internationalen Exponaten aus den verschiedenen Spezialgebieten des Markscheidewesens und eine mit Materialien des tschechoslowakischen Staatsarchivs gestaltete historische Ausstellung des Markscheidewesens geöffnet.

Vertreter der am Symposium teilnehmenden Länder berieten über die Bildung einer internationalen Markscheideorganisation. Einem im Ergebnis der Beratungen gebildeten 8köpfigen Gründungskomitee obliegt die Aufgabe, Zielstellung und Status einer zukünftigen Markscheideorganisation festzulegen, die Satzung der Organisation zu erarbeiten und sie dem Plenum des für 1972 geplanten 2. Internationalen wissenschaftlichen Symposiums zum Beschluß vorzulegen.

Dem tschechoslowakischen Organisationsausschuß unter dem Vorsitz von Herrn Dr. KYNTERA gebührt die Anerkennung für die ausgezeichnete organisatorische Vorbereitung und Durchführung des Symposiums, das ausreichend Gelegenheit bot, den jeweiligen nationalen Stand des Markscheidewesens vergleichend zu ermitteln sowie fruchtbare fachliche und persönliche Kontakte zu knüpfen und zu vertiefen. D. HARTNICK

Kurznachrichten

Nach amtlichen Berechnungen belaufen sich die nachgewiesenen **Erdgasvorkommen** der **UdSSR** auf $9{,}4 \cdot 10^{12}$ m^3, wovon $4 \cdot 10^{12}$ m^3 im westsibirischen Gasrevier Tjumen liegen.

Eine **Erdölaufschlußbohrung** wurde im südbaltischen Küstenplateau in einer Teufe von über 1900 m fündig. Die Bohrung liegt im Gebiet von Gwardeisk, etwa 35 km südöstlich von **Kaliningrad**.

In der Nähe von Tschkalow, in der **UdSSR**, wurde ein bedeutendes **Erdgasvorkommen** entdeckt, dessen Umfang auf 3 Bill. m^3 geschätzt wird. Das Erdgasfeld verläuft über 100 km entlang dem Uralfluß.

Der **Erdölverbrauch** der **kapitalistischen Länder** hat sich von 1958—1968 verdoppelt und wird sich wahrscheinlich bis 1980 um weitere 100% erhöhen. Dabei liegt die jahresdurchschnittliche Zuwachsrate des Erdölverbrauchs bis 1980 bei 6%.

Gegenwärtig werden in **Nigeria** 68500 t/d **Erdöl** gefördert. Davon werden ein Drittel westlich und zwei Drittel östlich des Niger gewonnen.

Die **UdSSR** will die Förderung von **Anthrazitkohle** von z. Z. 90 Mill. t/a auf 100 Mill. t im Jahre 1975 erhöhen.

Die **belgische Kohleförderung** zeigt eine beständig rückläufige Tendenz. Betrug sie noch 1965 19,8 Mill. t, wird in diesem Jahr nur mit einer Förderung von 11 Mill. t gerechnet.

In **Kanada** wurden bei der aeromagnetischen Kartierung der Baffin-Insel und Umgebung zwei große Magnetanomalien festgestellt, die durch reiche **Magnetiteisenerzvorkommen** hervorgerufen werden.

Der **Weltkupferverbrauch** 1975 wird auf ungefähr 6,977 Mill. l.t. veranschlagt gegenüber 5,22 Mill. l.t. für 1968.

Chiles Kupferproduktion soll sich in diesem Jahr auf 1,1—1,2 Mill. t belaufen und damit dem Lande in der Weltkupferproduktion den zweiten Platz sichern.

In der **Dominikanischen Republik** umfassen die sulfidischen **Zinkvorkommen** der Grube Pueblo Viejo 64 Mill. t Erz mit Zink-, Gold- und Silbereinlagerungen.

Der **Weltaluminiumverbrauch** soll sich, 1966 gleich 100 gesetzt, bis 1980 in den sozialistischen Ländern auf 425%, in den kapitalistischen Ländern auf 297% (innerhalb dieser in Amerika auf 249%) erhöhen.

Bis 1974 sollen in **Argentinien** etwa 140000—150000 t/a **Hüttenaluminium** produziert werden. Damit verbunden sind die Errichtung eines Staudammes und einer Kraftwerksanlage sowie einer Aluminiumhütte.

Das Kalikombinat Soligorsk in der **UdSSR** fördert jährlich 6,5 Mill. t **Kali**. Bei der derzeitigen Förderung reichen die Vorräte für 40 Jahre. Das Fördersalz hat einen durchschnittlichen K_2O-Gehalt von 20—24%, das Konzentrat 92—94%.

Zu den bekannten **Kreidevorkommen** in **Belgien** gehört die Lagerstätte in der Nähe von Mons. Hier entstand ein modernes Zementwerk mit einer Jahreskapazität von 1,7 Mill. t. Die Gewinnung erfolgt im Tagebau.

Die **Sowjetunion** baut an 25 **Wasserkraftwerken**, die insgesamt etwa 30000 MW entwickeln werden, darunter solchen großen Vorhaben wie das Krasnojarsker (6000 MW) und das Sajansker Kraftwerk (6300 MW).

Italien besitzt gegenwärtig drei **Atomkraftwerke** in Litania, Garigliano und Trino Vercellese mit einer Leistung von 600000 kW. 1974 sollen zwei weitere Atomkraftwerke in Betrieb genommen werden.

Herausgeber: Zentrales Geologisches Institut im Auftrag des Staatssekretariats für Geologie beim Ministerrat der Deutschen Demokratischen Republik. Für die kollektive Chefredaktion: Dr. K. KAUTER (Redaktionssekretär), Berlin. Redaktion: 1054 Berlin, Zionskirchstraße 34 (Fernsprecher 426001). Verlag: Akademie-Verlag GmbH, 108 Berlin, Leipziger Straße 3–4 (Fernsprecher 220441, Telex 0112020, Postscheckkonto: Berlin 35021). Bestellnummer des Heftes 1047/16/4. Alleinige Anzeigenannahme DEWAG-WERBUNG, 102 Berlin, Rosenthaler Str. 28–31, und alle DEWAG-Betriebe in den Bezirksstädten der DDR. Die „Zeitschrift für angewandte Geologie“ erscheint monatlich, Exportpreis: M 6,–, Sonderpreis für die DDR: M 2,– je Heft. – Satz und Druck: VEB Druckhaus „Maxim Gorki“, 74 Altenburg. Veröffentlicht unter der Lizenznummer 1279 des Presseamtes beim Vorsitzenden des Ministerrates der Deutschen Demokratischen Republik.

MIX
Papier | Fördert gute Waldnutzung
FSC® C083411

Zeitfracht Medien GmbH
Ferdinand-Jühlke-Straße 7
99095 Erfurt, Deutschland
produktsicherheit@kolibri360.de